Chemisches Praktikum für Mediziner

Von

Prof. Dr. Hans Bode und **Prof. Dr. Hans Ludwig**

Neunte, neubearbeitete Auflage

Mit 3 Abbildungen

Springer-Verlag Berlin Heidelberg GmbH

ISBN 978-3-662-01496-7   ISBN 978-3-662-01495-0 (eBook)
DOI 10.1007/978-3-662-01495-0

Geleitwort.

Das Bedürfnis nach gründlicher chemischer Ausbildung der Mediziner macht sich von Jahr zu Jahr in steigendem Maße bemerkbar. Die großen Erfolge auf dem Gebiete der Vitamine und Hormone, die Aufklärung der Zusammensetzung des Blutfarbstoffes und viele ähnliche Entdeckungen der allerletzten Jahre lassen die Bedeutung der Chemie für die biologischen Wissenschaften und damit auch für die Medizin greifbar hervortreten. Andererseits ist in dem überreichen Studienplan der Mediziner noch immer nicht der genügende Raum geschaffen, um ihnen eine solche chemische Ausbildung zu vermitteln, wie sie im Interesse der Fortentwicklung der medizinischen Wissenschaft notwendig erscheint. Es muß also wohl oder übel ein Kompromiß geschlossen werden, indem auf der einen Seite das von den angehenden Medizinern zu erledigende Pensum nach Möglichkeit beschränkt, andererseits aber so ausgewählt wird, daß daran die Eigenart experimentell-chemischer Methodik gelernt werden kann.

Die Herren Dr. Ludwig und Dr. Bode, Unterrichtsassistenten am hiesigen Chemischen Universitätsinstitut, machen mit dem vorliegenden Werkchen den Versuch, den angehenden Medizinern die praktische Chemie in einer solchen Form und in einem solchen Umfange zu bieten, daß sie dem Verständnis keine Schwierigkeiten bereitet, und daß der Ballast überflüssigen Materials, der häufig die Praktikanten zurückschreckt, beseitigt ist. Ich persönlich habe den Eindruck, daß der von ihnen geschaffene Leitfaden den Bedürfnissen, die sich bei einem viele Jahre hindurch abgehaltenen Mediziner-Praktikum immer wieder herausgestellt haben, in zweckmäßiger Weise entspricht. Ich möchte aus diesem Grunde der Hoffnung Ausdruck verleihen, daß trotz der zahlreichen bereits vorhandenen kleinen Kompendien auch das neue Buch aus dem Kieler Laboratorium in den Kreisen der Mediziner Anklang finden wird.

O. Diels.

Vorwort zur ersten Auflage.

Den Anlaß zur Abfassung der vorliegenden Praktikumsanleitung gab die Erfahrung, daß bei der in solchen Anleitungen vielfach üblichen Gepflogenheit, die analytischen Reaktionen der Elemente in den Vordergrund zu stellen, eine genügende Kenntnis derjenigen chemischen Begriffe nicht erreicht wird, die das tiefere Verständnis der chemischen Reaktionen erst ermöglicht. Demgemäß haben wir in unserem Buch, das im Praktikum für Mediziner im Chemischen Institut der Universität Kiel erprobt ist, den zu behandelnden Stoff in neuartiger Weise angeordnet.

In dem ersten Kapitel des anorganischen und des organischen Abschnitts sind zunächst die Grundgesetze und Grundlagen in gedrängter Übersicht zusammengestellt worden, in der Absicht, den Studierenden zu veranlassen, diese ihm zwar aus der Vorlesung bekannten, aber gewöhnlich nicht genügend geläufigen Dinge noch einmal zusammenhängend durchzuarbeiten.

Im ersten Teil des anorganischen Abschnitts werden dann die wichtigsten in Betracht kommenden chemischen Begriffe, wie Säure, Base, Salz, Hydrolyse, Oxydation, Reduktion usw., durch Erläuterungen und, was uns besonders wichtig erschien, durch Versuche zusammenhängend behandelt.

Im zweiten Teil des anorganischen Abschnitts wird das chemische Verhalten der verschiedenen Elemente durch ausgewählte Reaktionen gekennzeichnet. Durch die Hinweise auf die eingehenden Ausführungen im ersten Teil soll einerseits ein tieferes Verständnis der einzelnen Reaktionen erreicht und andererseits gezeigt werden, daß dieselben sich den chemischen Begriffen zwanglos unterordnen lassen; damit wird der Gefahr vorgebeugt, daß die zahlreichen Versuche dem Studierenden als zusammenhanglose Einzeltatsachen erscheinen.

Die Anleitungen zur qualitativen und quantitativen Analyse im dritten Teil des anorganischen Abschnitts beschränken sich auf die Ausführung einfachster Aufgaben; es soll nur das Prinzip der Analyse aufgezeigt werden, da bei einem einsemestrigen Kurs (etwa 12 Vormittage), für den diese Anleitung bestimmt ist, eine andere Zielsetzung doch nicht erreicht werden kann.

Der Stoff des organischen Abschnitts ist in der Weise angeordnet, daß die charakteristischen Eigenschaften der Körperklassen zusammenhängend dargestellt und durch Versuche veranschaulicht werden; im Anschluß daran sind dann einzelne wichtige Stoffe gesondert behandelt.

Zur erfolgreichen Absolvierung des Praktikums ist es unbedingt erforderlich, daß der Praktikant die Vorlesungen über anorganische und organische Experimental-Chemie gehört hat, daß er die im Zusammenhang mit dem Praktikum abgehaltene einstündige Vorlesung besucht, und daß er die jeweils zu bearbeitenden Kapitel der vorliegenden Anleitung durch häusliches Studium unter Heranziehung von Lehrbüchern vorbereitet und vertieft.

Es ist uns eine angenehme Pflicht, Herrn Professor Dr. O. Diels, Herrn Professor Dr. O. Mumm und Herrn Privatdozenten Dr. H. Kleinfeller auch an dieser Stelle für die Durchsicht der Niederschrift und für viele wertvolle Anregungen unseren wärmsten Dank auszusprechen. Gleichfalls danken wir unserem Kollegen, Herrn Dr. H. Segeberg, für seine schätzenswerte Hilfe.

Kiel, Oktober 1931.

Dr. H. Bode.   Dr. H. Ludwig.

Vorwort zur achten Auflage.

Das neu vorliegende „Praktikum für Mediziner" ist bisher in sieben Auflagen mit etwa 25000 Exemplaren erschienen. Da das Buch längere Zeit vergriffen war, wurde die achte Auflage einer größeren Umarbeitung unterzogen. So wurden gewisse Abschnitte, wie amphotere Hydroxyde und Oxydation, den neueren Anschauungen angepaßt; andere Abschnitte, wie kurze Bemerkungen über Bindungsverhältnisse und das Massenwirkungsgesetz, hinzugefügt. Die Nomenklatur wurde einheitlich nach den „Richtlinien zur Benennung anorganischer Verbindungen" durchgeführt. Um in weit größerem Maße als bisher von reinen Reagensglasversuchen mit meist analytisch-chemischem Charakter fortzukommen, wurden auch Versuche mit etwas erhöhtem, aber für ein Medizinerpraktikum noch tragbarem Aufwand aufgenommen, bzw. schon vorhandene umgestaltet.

Wie in vielen Besprechungen zum Ausdruck gekommen ist, ist die Praktikumsanleitung nicht nur für die Ausbildung von Medizinern geeignet, sie wendet sich auch an alle diejenigen, die eine kurze, praktische Einführung in die Chemie benötigen, so etwa für die Ausbildung der Landwirte usw., aber auch für Apothekerpraktikanten.

Herrn Prof. Dr. Kleinfeller, dem langjährigen Leiter des Medizinerpraktikums in Kiel, sind wir für seine Anregungen und liebenswürdige Unterstützung bei der Überarbeitung zu großem Dank verpflichtet.

Die Zeitumstände ließen für die achte Auflage ein Erscheinen unter den alten Bedingungen nicht zu, und so hat der Verlag Deuticke entgegenkommenderweise auf sein Verlagsrecht verzichtet. Wir möchten dem Verlag Deuticke dafür und für seine bisherige Mühewaltung für die Herausgabe der ersten sieben Auflagen unseren herzlichen Dank aussprechen. Ebenso gebührt der Dank der Autoren dem Springer-Verlag, daß er bei der Übernahme in den Verlag und bei der Herausgabe unseren Wünschen in großzügiger Weise nachgekommen ist.

Kiel und Lübeck, August 1948.

H. Bode.   H. Ludwig.

Vorwort zur neunten Auflage.

An der bewährten Gesamtanlage der Praktikumsanleitung wurde auch diesmal nichts geändert. Inhaltlich wurde sie in allen Teilen überarbeitet und auf den neuesten Stand der Wissenschaft gebracht.

Herrn Professor Dr. Kleinfeller, Kiel, möchten wir wiederum für seine tatkräftige Unterstützung bei der Neubearbeitung unseren Dank aussprechen.

Hamburg und Lübeck, September 1953.

H. Bode   H. Ludwig

Inhaltsverzeichnis.

Praktische Vorbemerkungen 1

Anorganischer Abschnitt.

Einige theoretische Vorbemerkungen. 3
A. Elektrolyte 9
B. Säuren 11
   Die Reaktionen einiger Säuren 13
     1. Halogenwasserstoffsäuren 13
     2. Sauerstoffsäuren des Chlors. 15
     3. Schwefelsäure 17
     4. Thioschwefelsäure 18
     5. Kohlensäure 19
     6. Salpetersäure 20
     7. Salpetrige Säure 23
     8. Schwefelwasserstoff 23
     9. Phosphorsäure 25
    10. Borsäure 27
C. Basen. 28
D. Salze 31
E. Zur elektrolytischen Dissoziation 33
   Anhang: Das Massenwirkungsgesetz 35
F. Lösungen und Umsetzungen in Lösungen 37
G. Die hydrolytische Spaltung der Salze 39
H. Doppelsalze und Komplexsalze. 43
 I. Elektroaffinität 46
K. Oxydation und Reduktion. 47
L. Kolloide Lösungen 54
M. Die Reaktionen einiger Metalle. 55
     1. Alkalimetalle und Ammonium 55
     2. Erdalkalimetalle 58
     3. Magnesium und Zink 60
     4. Aluminium und Eisen 61
     5. Chrom und Mangan 64
     6. Kupfer und Silber 68
     7. Quecksilber 69
     8. Zinn und Blei 71
     9. Arsen, Antimon, Wismut 74
N. Qualitative Analyse 77
     1. Prüfung auf Metallionen 81
     2. Prüfung auf Anionen und das Ammoniumion 82
O. Quantitative Analyse. 82
     1. Neutralisationsverfahren 83
     2. Oxydationsverfahren 85
       a) Manganometrie 85
       b) Jodometrie 86

Organischer Abschnitt.

Einige theoretische Vorbemerkungen 89

A. Qualitative Analyse organischer Substanzen 92
   1. Nachweis von Kohlenstoff und Wasserstoff 92
   2. Nachweis von Stickstoff 93
   3. Nachweis von Halogen 93

B. Kohlenwasserstoffe 94

C. Alkylhalogenide 96

D. Hydroxylverbindungen der Kohlenwasserstoffe 97
   1. Alkohole 97
      Allgemeine Reaktionen der Alkohole 98
      Einige wichtige Alkohole 99
      a) Methylalkohol 99
      b) Äthylalkohol 99
      c) Glyzerin 100
   2. Phenol 101

E. Amine 101
   Allgemeine Reaktionen der primären Amine 103
   Anilin 104

F. Aldehyde und Ketone (Carbonylverbindungen) 105
   Allgemeine Reaktionen der Aldehyde und Ketone 106
   Reduktionswirkung der Aldehyde 107
   Einige wichtige Aldehyde und Ketone 108
   a) Formaldehyd 108
   b) Acetaldehyd 108
   c) Chloral 108
   d) Benzaldehyd 109
   e) Aceton 109

G. Carbonsäuren 109
   1. Einbasische Säuren 111
      a) Ameisensäure 111
      b) Essigsäure 111
      c) Kohlenstoffreiche Fettsäuren 112
      d) Ungesättigte Fettsäuren 112
      e) Benzoesäure 113
   2. Mehrbasische Säuren 114
      Oxalsäure 114
   Anhang: Cyanwasserstoffsäure 114

H. Derivate der Carbonsäuren 115
   I. Durch Umwandlung der Carboxylgruppe entstandene Säure-
     derivate 115
     1. Ester 115
     2. Säurechloride 116
     3. Säureamide 117
       Allgemeine Reaktionen der Säureamide 117
       Harnstoff 118
   II. Durch Substitution im Kohlenwasserstoffrest entstandene Säure-
     derivate 119

1. Oxysäuren 119
   a) Milchsäure 119
   b) Weinsäure 121
   c) Salicylsäure 121
2. Aminosäuren 122

I. Heterocyclische Verbindungen 123
   a) Pyrrol 124
   b) Pyridin 124
   c) Chinolin 125
K. Purine 125
L. Fette 126
M. Kohlenhydrate 127
  1. Monosaccharide 128
    d-Glucose 129
  2. Disaccharide 131
   a) Rohrzucker 133
   b) Milchzucker 133
  3. Polysaccharide 134
   a) Stärke 134
   b) Cellulose 135
N. Eiweißstoffe 135
O. Alkaloide 137
   Chinin 138
Periodisches System der Elemente 139

Praktische Vorbemerkungen.

1. Sämtliche Reaktionen sind mit kleinsten Mengen auszuführen. Man verwende, wenn nicht andere Angaben gemacht sind, von Lösungen etwa 1 Kubikzentimeter (ein Reagensglas ist dann ungefähr 1 cm hoch gefüllt), von festen Stoffen etwa $^1/_{10}$ Gramm (eine kleine Messerspitze voll).

Feste Reagenzien und Lösungen dürfen, wenn sie einmal den Vorratsflaschen entnommen sind, nicht in dieselben zurückgegeben werden.

Der Zusatz von Reagenslösungen erfolge stets tropfenweise, bis die Reaktion eingetreten ist.

Beim „Ansäuern" bzw. „Alkalisch-machen" ist so viel Säure bzw. Base zu der Lösung hinzuzugeben, daß dieselbe auch bei gründlichem Umschütteln sauer bzw. alkalisch reagiert. Durch Lackmuspapier ist in jedem Falle festzustellen, ob wirklich saure bzw. alkalische Reaktion erreicht worden ist.

Man verwende stets verdünnte Säuren, wenn nicht ausdrücklich der Gebrauch von konzentrierten Säuren vorgeschrieben ist.

Bei chemischen Arbeiten ist stets destilliertes Wasser, niemals Leitungswasser, zu verwenden; dasselbe ist in einer Spritzflasche aufzubewahren.

2. Sämtliche Reaktionen werden, sofern nicht ausdrücklich andere Angaben gemacht sind, stets im Reagensglas ausgeführt. Soll eine Flüssigkeit im Reagensglas erhitzt werden, so darf dasselbe höchstens zu einem Viertel mit Flüssigkeit gefüllt sein. Beim Erhitzen halte man die Öffnung des Reagensglases abgewandt von sich und anderen Praktikanten, damit durch etwa herausspritzende Flüssigkeitsmengen niemand gefährdet wird; zur Vermeidung eines Siedeverzuges ist dauernd zu schütteln. Auch bei Reaktionen, bei denen Gase entstehen, ist größte Vorsicht geboten, da die Gefahr besteht, daß bei starker Gasentwicklung — besonders dann, wenn das Reagensglas zu hoch mit Flüssigkeit gefüllt ist — Flüssigkeit herausgeschleudert wird.

Für größere Flüssigkeitsmengen verwende man „Erlenmeyer-Kolben" bzw. Bechergläser; diese Gefäße müssen beim Erhitzen von Lösungen auf ein Drahtnetz gestellt werden.

3. Entstehen bei einem Versuch übelriechende oder aggressive Dämpfe, so ist dieser tunlichst in einem Abzuge auszuführen.

Im Anfang des Buches wird darauf hingewiesen, später muß der Praktikant an die Benutzung des Abzuges von selbst denken.

4. Die Trennung eines gefällten Niederschlages von der Lösung geschieht durch „Filtrieren"; der Niederschlag wird auf einem „Filter" gesammelt, die ablaufende klare Lösung nennt man „Filtrat". Das „Auswaschen" eines Niederschlages geschieht dadurch, daß man die Waschflüssigkeit, meist Wasser, auf den Niederschlag — der zu diesem Zweck auf dem Filter im Trichter verbleibt — unter Aufwirbeln desselben aufspritzt, bis er eben von der Waschflüssigkeit bedeckt ist.

Zur Herstellung eines Filters falte man ein Stück kreisrund geschnittenes Filtrierpapier zweimal so zusammen, daß die bogigen Ränder genau aufeinander zu liegen kommen; dann öffne man die erhaltene Tüte derart, daß ein Papierkegel entsteht, der auf der einen Seite eine und auf der anderen Seite drei Papierschichten besitzt. Der Papierkegel wird in einen Glastrichter eingesetzt und mit Wasser befeuchtet; er muß der Trichterwandung glatt anliegen und soll nicht über den Trichterrand herausragen.

Anorganischer Abschnitt.

Einige theoretische Vorbemerkungen.

1. Die chemischen Elemente sind Stoffe, die sich durch die in der Chemie gebräuchlichen Verfahren nicht weiter zerlegen lassen.

Eine Verbindung baut sich stets in bestimmten, unveränderlichen Gewichtsverhältnissen aus zwei oder mehreren Elementen auf; sie zeigt nicht mehr die chemischen und physikalischen Eigenschaften der Bestandteile, sondern es treten neue Eigenschaften auf, die für die entstandene Verbindung charakteristisch sind.

Ein Gemenge kann die Bestandteile in beliebigen Gewichtsverhältnissen enthalten und zeigt stets die Eigenschaften der einzelnen Bestandteile.

Die kleinsten Teilchen eines Elements sind die Atome, die für jedes Element durch die gleiche Kernladungszahl (= Ordnungszahl) charakterisiert sind. Die kleinsten Teilchen einer Verbindung sind die Moleküle.

2. Bilden zwei Elemente nur eine einzige Verbindung miteinander, so vereinigen sie sich stets im gleichen Gewichtsverhältnis (Gesetz der konstanten Proportionen). Es verbinden sich z. B. bei der Verbrennung des Magnesiums zum Magnesiumoxyd stets 24,3 g Magnesium mit 16,0 g Sauerstoff bzw. 12,15 g Magnesium mit 8,0 g Sauerstoff, d.h. Magnesium und Sauerstoff verbinden sich stets im gleichen Gewichtsverhältnis.

3. Bilden zwei Elemente mehrere Verbindungen miteinander, so verhalten sich die an die gleiche Menge des einen Elementes gebundenen Mengen des anderen wie einfache ganze Zahlen (Gesetz der multiplen Proportionen). Es vereinigen sich z. B. Kupfer und Sauerstoff zu einer roten und einer schwarzen Verbindung [Kupfer(I)-oxyd und Kupfer(II)-oxyd]. Im ersten Falle verbinden sich $2 \times 63,6$ g Kupfer mit 16,0 g Sauerstoff, im zweiten Falle sind $1 \times 63,6$ g Kupfer mit 16,0 g Sauerstoff verbunden. Die Kupfermengen, die sich mit der gleichen Sauerstoffmenge verbinden, stehen also im Verhältnis 2 : 1.

Die Verbindungen, die diesen Gesetzen folgen, aus denen Dalton die Atomtheorie abgeleitet hat, nennt man „daltonide

Stoffe"; daneben gibt es Verbindungen, wie etwa die intermetallischen Verbindungen, für die diese Gesetze nicht gelten.

4. Das Atomgewicht eines Elementes gibt nicht das wirkliche Gewicht eines Atomes an, sondern es ist eine relative Zahl. Man setzt das Atomgewicht des Sauerstoffs aus praktischen Gründen gleich 16, und das Atomgewicht eines Elementes ist dann die Zahl, die angibt, wie viel mal so schwer ein Atom dieses Elementes ist als der 16. Teil des Sauerstoffatoms.

Das Atomgewicht in Grammen nennt man „Grammatom", so sind z. B. 63,6 g Kupfer = 1 Grammatom Kupfer.

Das Molekulargewicht einer Verbindung ist gleich der Summe der Atomgewichte der darin enthaltenen Elemente. Das Molekulargewicht in Grammen nennt man „Gramm-Molekül" oder „Mol", so sind z. B. $(63{,}6 + 16{,}0)\,g = 79{,}6\,g$ Kupfer(II)-oxyd = 1 Mol Kupfer(II)-oxyd.

5. Um die Zusammensetzung von Verbindungen und um chemische Umsetzungen einfach und deutlich darstellen zu können, hat man eine chemische Zeichensprache eingeführt, indem man für die Elemente und ihre Atome bestimmte Symbole gebraucht. Als Symbol eines Elementes benutzt man im allgemeinen die Anfangsbuchstaben seines lateinischen Namens. So wird z. B. das Element Wasserstoff durch den Buchstaben H (vom lat. Hydrogenium = Wasserstoff) und das Element Sauerstoff durch den Buchstaben O (vom lat. Oxygenium = Sauerstoff) bezeichnet. Das Symbol eines Elementes bedeutet zugleich eine bestimmte Gewichtsmenge desselben, und zwar das Atomgewicht des Elementes in Grammen (Grammatom).

Die Moleküle einer Verbindung werden dadurch wiedergegeben, daß man die Symbole der im Molekül enthaltenen Atome nebeneinander schreibt und ihre Anzahl durch Anhängen von Indices kenntlich macht, z. B. H_2O (Wasser), $K_2Cr_2O_7$ (Kaliumdichromat). Kommen in einer Verbindung bestimmte Atomgruppen mehrfach vor, so werden sie in eine Klammer zusammengefaßt und ihre Anzahl wird ebenfalls durch angehängte Indices bezeichnet, z. B. $Al_2(SO_4)_3$ (Aluminiumsulfat).

6. Verbindet sich ein Atom eines Elementes mit einem Wasserstoffatom, so ist das Element einwertig (z. B. Chlor in HCl); verbindet es sich mit zwei Wasserstoffatomen, so ist das Element zweiwertig (z. B. Sauerstoff in H_2O). Entsprechend unterscheidet man drei-, vier- und mehrwertige Elemente.

Bildet ein Element mit Wasserstoff keine Verbindungen, so wird seine Wertigkeit durch die Anzahl Wasserstoffatome bestimmt, die es zu ersetzen vermag. So ersetzt im NaCl das Natrium ein Wasserstoffatom der Salzsäure (HCl), das Natrium ist also einwertig; im $MgCl_2$ sind zwei Wasserstoffatome durch Magnesium ersetzt, das Magnesium ist daher zweiwertig.

Die Wertigkeit gibt an, mit wieviel Wasserstoffatomen sich ein Atom eines Elementes verbinden kann oder wieviel Wasserstoffatome es zu ersetzen vermag.

Die so definierte Wertigkeit wird auch formale Wertigkeit genannt; sie wird in den Strukturformeln durch einen „Valenzstrich" dargestellt und deshalb auch als strukturelle Wertigkeit bezeichnet. Im Gegensatz dazu gibt die elektrochemische Wertigkeit oder Elektrovalenz die Anzahl der auf jedes Atom entfallenden elektrischen Ladungen an, wobei man positive und negative Wertigkeiten zu unterscheiden hat. Meistens stimmen die formale und die elektrochemische Wertigkeit (abgesehen von Vorzeichen) zahlenmäßig überein; dieses ist aber nicht immer der Fall, so ist das Quecksilber in der Verbindung Hg_2Cl_2 elektrochemisch positiv einwertig, aber formal zweiwertig.

Ein Element kann in verschiedenen Wertigkeitsstufen auftreten, so ist z. B. das Eisen im Eisen(II)-chlorid, $FeCl_2$, zweiwertig und im Eisen(III)-chlorid, $FeCl_3$, dreiwertig. Bildet ein Element in zwei verschiedenen Wertigkeitsstufen Verbindungen, so werden diese wie folgt unterschieden:

Nach den „Richtlinien für die Benennung anorganischer Verbindungen (1940)" wird die elektrochemische Wertigkeit durch eine dem Elementnamen in einer Klammer unmittelbar folgende römische Ziffer bezeichnet. Bei der Benennung von Metallverbindungen benutzte man früher auch vielfach den lateinischen Namen des Metalls und fügte ihm zur Kennzeichnung der niederen Wertigkeitsstufe ein -o- und zur Kennzeichnung der höheren Wertigkeitsstufe ein -i- an. Beispiele:

Formal	Rationelle Benennung	Veraltete Benennung
CuCl	= Kupfer(I)-chlorid[1]	= Cupro-chlorid
$CuCl_2$	= Kupfer(II)-chlorid[1]	= Cupri-chlorid
$FeSO_4$	= Eisen(II)-sulfat	= Ferro-sulfat
$Fe_2(SO_4)_3$	= Eisen(III)-sulfat	= Ferri-sulfat.

Ausser dieser Kennzeichnung der Zusammensetzung einer Verbindung durch die Elektrovalenzzahl kann die Benennung auch erfolgen durch die Angabe der stöchiometrischen Zusammensetzung (stöchiometrische Benennung) oder durch Angabe der

---

[1] Gesprochen wird z. B.: Kupfer-eins-chlorid, Kupfer-zwei-chlorid.

Funktion (funktionelle Benennung)[1]. Die stöchiometrische Angabe erfolgt durch griechische Zahlwörter, die dem Bestandteil, auf den sie sich beziehen, ohne Bindestrich vorangestellt werden. Sie wird vor allem bei Stoffen ohne Salzcharakter angewendet. Das Zahlwort „mono" kann hierbei fortgelassen werden. Als Beispiele seien die Oxyde des Stickstoffs nachstehend angeführt Natürlich können diese Stoffe auch durch die Angabe der elektrochemischen Wertigkeit bezeichnet werden, so etwa $N_2O_5 =$ Stickstoff(V)-oxyd.

Neben diesen rationellen Benennungen sind auch vielfach noch Trivialnamen im Gebrauch, etwa für $Na_2CO_3 =$ Natriumcarbonat $=$ Soda.

Unabhängig von dieser rein chemischen Nomenklatur gibt es die offizinellen Bezeichnungen, die in dieser Praktikumsanleitung in wichtigen Fällen der chemischen Bezeichnung in Klammern beigefügt sind.

Formal	Stöchiometrische Benennung	Funktionelle Benennung	Veraltete Benennung
N_2O	= Distickstoff(mon)-oxyd	—	= Stickoxydul
NO	= Stickstoffoxyd	—	= Stickoxyd
N_2O_3	= Distickstofftri-oxyd	= Salpetrig-säureanhydrid	= Stickstoff-sesquioxyd
NO_2	= Stickstoffdioxyd	—	—
N_2O_4	= Distickstofftetroxyd	—	= Stickstoff-tetroxyd
N_2O_5	= Distickstoff-pentoxyd	= Salpeter-säure-anhydrid	= Stickstoff-pentoxyd.

7. **Das Äquivalentgewicht oder Verbindungsgewicht** eines Elementes gibt an, wieviel Gramm dieses Elementes sich mit 1 g Wasserstoff verbinden oder 1 g Wasserstoff ersetzen können. Das Äquivalentgewicht des Sauerstoffs z. B. ist 8,0, da 8,0 g Sauer-

---

[1] Ganz zu vermeiden ist die Nomenklatur, die bei den Salzen der sauerstofffreien Säuren die niedere Wertigkeit durch die Endung -ür, die höhere durch die Endung -id, bei den Metalloxyden und den Salzen der sauerstoffhaltigen Säuren die niedere Wertigkeit durch -oxydul, die höhere durch -oxyd bezeichnet:

$CuCl$	= Kupfer-chlorür;
$CuCl_2$	= Kupfer-chlorid;
$FeSO_4$	= Schwefelsaures Eisen-oxydul;
$Fe_2(SO_4)_3$	= Schwefelsaures Eisen-oxyd.

stoff sich mit 1 g Wasserstoff verbinden. Ganz allgemein ergibt sich das Äquivalentgewicht aus der Bezeichnung:

$$\text{Äquivalentgewicht} = \frac{\text{Atomgewicht}}{\text{Wertigkeit}}.$$

Da einige Elemente in verschiedenen Wertigkeitsstufen auftreten können, so besitzen diese Elemente auch verschiedene Äquivalentgewichte.

Das Äquivalentgewicht in Grammen nennt man „Gramm-Äquivalent" oder auch „Val", so sind z. B. 8 g Sauerstoff = 1 Gramm-Äquivalent = 1 Val Sauerstoff.

8. Eine chemische Gleichung läßt nicht nur die Art der reagierenden Stoffe und der Reaktionsprodukte erkennen, sondern, da die Symbole bestimmte Gewichtsmengen bedeuten, macht sie auch Aussagen über die Mengenverhältnisse. So läßt sich z. B. aus der Gleichung

$$Na_2CO_3 + 2\,HCl = 2\,NaCl + H_2O + CO_2$$

folgendes ersehen:

1) Natriumcarbonat wird durch Chlorwasserstoff unter Bildung von Natriumchlorid, Wasser und Kohlendioxyd zersetzt.
2) Wird 1 Mol Natriumcarbonat (= 106,0 g Na_2CO_3) mit 2 Mol Chlorwasserstoff (= 2 × 36,5 g HCl) umgesetzt, so bilden sich 2 Mol Natriumchlorid (= 2 × 58,5 g NaCl), 1 Mol Wasser (= 18,0 g H_2O) und 1 Mol Kohlendioxyd (= 44,0 g CO_2).
3) Da ein Mol eines jeden Gases unter gleichen Bedingungen stets dasselbe Volumen einnimmt (unter Normalbedingungen, d. h. bei 0° und 760 mm Druck, das Volumen von 22,4 l), so sagen die Gleichungen auch etwas aus über die Volumina der an einer Reaktion beteiligten Gase.

   Das in der angeführten Gleichung entstehende Mol Kohlendioxyd (44,0 g CO_2) nimmt danach unter Normalbedingungen einen Raum von 22,4 l ein.

Zusammenfassung:

$$Na_2CO_3 + 2\,HCl = 2\,NaCl + H_2O + CO_2$$

106,0 g	73,0 g	117,0 g	18,0 g	44,0 (= 22,4 l)
Natrium-carbonat +	Chlor-wasserstoff =	Natrium-chlorid +	Wasser +	Kohlen-dioxyd.

Nimmt man von einem der an der Reaktion teilnehmenden Stoffe nur den Bruchteil eines Mols, so können auch von den anderen Stoffen nur entsprechende Bruchteile in Reaktion treten, und es entstehen auch nur entsprechende Bruchteile der Reaktionsprodukte („Stöchiometrische Rechnung").

Treten bei einer Reaktion Elemente im Gaszustande auf, z. B.

$$Zn \quad + \quad 2\,HCl \quad = \quad ZnCl_2 \quad + \quad 2\,H$$

Zink   Salzsäure   Zinkchlorid   Wasserstoff,

bzw.
$$HgO \quad = \quad Hg \quad + \quad O$$

Quecksilberoxyd   Quecksilber   Sauerstoff,

so ist zu beachten, daß diese Gase nicht als Atome (H bzw. O) beständig sind, sondern daß sich die Atome sofort zu Molekülen (H_2 bzw. O_2) zusammenlagern. Die angeführten Gleichungen sind also nicht korrekt und müssen folgendermaßen formuliert werden:

$$Zn + 2\,HCl = ZnCl_2 + H_2,$$
$$2\,HgO = 2\,Hg + O_2.$$

Wie beim Wasserstoff und Sauerstoff bestehen die Moleküle aller bei gewöhnlicher Temperatur gasförmigen Elemente aus zwei Atomen; eine Ausnahme bilden nur die Edelgase, die einatomig sind.

Um das Aufstellen von Gleichungen für kompliziertere Reaktionen zu erleichtern, zerlegt man dieselben in Teilreaktionen, unbekümmert darum, ob die hierbei anzunehmenden Zwischenprodukte auch wirklich in Erscheinung treten oder experimentell nachweisbar sind. Durch Addition der Teilreaktionsgleichungen, derart, daß die Zwischenprodukte wegfallen, ergibt sich dann die Gesamtgleichung. Die Zwischenprodukte werden im folgenden als solche dadurch kenntlich gemacht, daß sie in geschweifte Klammern gesetzt sind. Als Beispiel für die Aufstellung einer Gesamtgleichung sei die Auflösung von Kupfer in konzentrierter Schwefelsäure, die zu Kupfersulfat und Schwefeldioxyd führt, gewählt (vgl. Vers. Nr. 18):

$$Cu + H_2SO_4 = \{CuO\} + H_2O + SO_2$$
$$\{CuO\} + H_2SO_4 = CuSO_4 + H_2O$$

$$\overline{Cu + H_2SO_4 + \{CuO\} + H_2SO_4 = \{CuO\} + H_2O + SO_2 + CuSO_4 +}$$
$$+ H_2O$$
$$Cu + 2\,H_2SO_4 = CuSO_4 + 2\,H_2O + SO_2.$$

Wegen der besseren Übersichtlichkeit wird im folgenden bei den Gleichungen einem entweichenden gasförmigen Stoff ein nach oben zeigender Pfeil (↑) hinzugefügt, während ein aus einer Lösung ausfallender Niederschlag durch einen nach unten zeigenden Pfeil (↓) gekennzeichnet wird.

9. Ordnet man die Elemente in einer Reihe steigend nach der Größe ihrer Atomgewichte, so zeigt sich, daß sich in gewissen Abständen die Eigenschaften der Elemente periodisch wiederholen; bricht man am Ende einer Periode die Reihe ab und setzt die folgende Periode jeweils unter die vorhergehende, so kommen nahe verwandte Elemente in Gruppen untereinander zu stehen (Periodisches System der Elemente, siehe die Tabelle S. 139). Die Zahlen, die sich bei fortlaufender Numerierung der Elemente in dieser Anordnung ergeben, nennt man die Ordnungszahlen der Elemente (siehe Tabelle); die Ordnungszahlen sind wie die Atomgewichte der experimentellen Bestimmung zugänglich und gleich wichtige Atomkonstanten wie diese.

A. Elektrolyte.

Versuch Nr. 1. (auszuführen durch eine Gruppe von Studenten unter der Aufsicht eines Assistenten). Zwei Kohlestäbe oder Platinelektroden, die etwa ein Zentimeter voneinander entfernt in ein Becherglas (50 ccm) tauchen, sind über einen Schutzwiderstand (1 bis 2 Ohm) und ein Amperemeter (Meßbereich bis 5 Ampere) mit einer Stromquelle (4 bis 6 Volt) verbunden (vgl. Schaltskizze Abb. 1).

In das Becherglas gebe man jeweils soviel folgender reiner Stoffe, daß die Elektroden eintauchen: 1. Chloroform, 2. Alkohol, 3. destilliertes Wasser. In allen Fällen zeigt sich, daß kein Strom fließt; diese Stoffe sind also „Nichtleiter" oder „Isolatoren".

Führt man den Versuch mit Quecksilber aus, so zeigt das Amperemeter durch einen Ausschlag an, daß Quecksilber, wie alle anderen Metalle, ein Leiter des elektrischen Stromes ist.

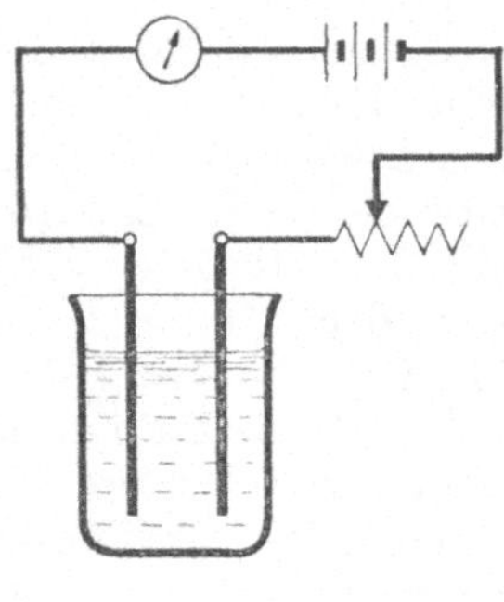

Abb. 1.

Dann untersuche man wäßrige Lösungen folgender Stoffe: 1. Schwefelsäure, 2. Salzsäure, 3. Natronlauge, 4. Kochsalz, 5. Kupferchlorid. Das Becherglas ist jedesmal beim Wechseln der Lösungen mit dest. Wasser auszuspülen. In allen Fällen wird durch das Amperemeter angezeigt, daß die Lösungen den Strom leiten. An den Elektroden beobachtet man eine Gasentwicklung[1] bzw. eine Metallabscheidung[1]. Die wäßrigen

---

[1] Bei porösen Kohlen tritt diese oft verzögert auf.

Lösungen der Säuren, Basen und Salze sind also Leiter für den Strom; da sie aber beim Stromdurchgang zersetzt werden (im Gegensatz zu den metallischen Leitern), nennt man sie „Leiter zweiter Klasse" oder auch „Elektrolyte". Die Wirkung des Stromes auf diese Lösungen bezeichnet man als „Elektrolyse".

Nun prüfe man die wässerigen Lösungen folgender Stoffe: 1. Harnstoff, 2. Zucker, 3. Alkohol. Bei Lösungen dieser organischen Stoffe beobachtet man keine Stromleitung und auch keine Abscheidung an den Elektroden; sie sind also „Nichtleiter" oder werden als „Nichtelektrolyte" bezeichnet.

Zur Erklärung des Leitvermögens und der Elektrolyse dient die Theorie der elektrolytischen Dissoziation. Nach dieser Theorie sind die Elektrolyte in wässeriger Lösung mehr oder weniger in entgegengesetzt elektrisch geladene Spaltstücke zerfallen („dissoziiert"), die man „Ionen" nennt. Unter dem Einfluß des elektrischen Stromes wandern die positiv geladenen Ionen zum negativen Pol, der Kathode; sie werden „Kationen" genannt und durch ein hochgestelltes Plus-Zeichen bezeichnet. Entsprechend werden die zum positiven Pol, der Anode, wandernden negativ geladenen Ionen „Anionen" genannt und mit einem hochgestellten Minus-Zeichen versehen. Die Zahl der Plus- bzw. Minus-Zeichen gibt die Anzahl der Ladungen an, die ein Ion besitzt.

An den Elektroden verlieren die Ionen ihre Ladung und werden entweder an der Elektrode abgeschieden (Cu, H_2 oder Cl_2 u. a. m.) oder die entladenen Stoffe reagieren dort mit dem Lösungsmittel oder dem Material der Elektrode (etwa $2\{SO_4\} + 2\,H_2O = 2\,H_2SO_4 + O_2$ oder $\{SO_4\} + Cu = CuSO_4$ usw.).

Für die Elektrolyte gelten folgende Dissoziationsschemata: Die Säuren zerfallen in Wasserstoffionen und Säurerestionen, die Basen in Hydroxylionen und Metallionen und die Salze in Metallionen und Säurerestionen.

	Elektrolyt	Kation	Anion
Säuren:	HCl	$= H^+$	$+ Cl^-$
	H_2SO_4	$= 2\,H^+$	$+ SO_4^{2-}$
Basen:	$NaOH$	$= Na^+$	$+ OH^-$
	$Ba(OH)_2$	$= Ba^{2+}$	$+ 2\,OH^-$
Salze:	$NaCl$	$= Na^+$	$+ Cl^-$
	$(NH_4)_2SO_4$	$= 2\,NH_4^+$	$+ SO_4^{2-}$

Es sei besonders betont, daß beispielsweise die Spaltprodukte des Chlorwasserstoffs (HCl) nicht elementarer Wasserstoff und elementares Chlor sind, sondern daß sie sich von diesen durch die elektrische Ladung unterscheiden.

Die Summe der Ladung der positiven Ionen ist stets gleich der der negativen Ionen; die Elektrolytlösungen sind daher nach außen hin elektrisch neutral.

Zu den **Kationen** gehören die **Metallionen** (z. B. Na^+, Ba^{2+}, Al^{3+}), das **Wasserstoffion** (H^+, genauer das H_3O^+-Ion, **Hydronium-Ion** genannt), sowie das **Ammoniumion** (NH_4^+). Zu den **Anionen** gehören die **Säurerestionen** (z. B. Cl^-, SO_4^{2-}, PO_4^{3-}) und das **Hydroxylion** (OH^-).

B. Säuren.

Säuren sind Verbindungen, die in wäßriger Lösung als Kation nur Wasserstoffionen abspalten; das Wasserstoffion ist die Ursache der sauren Eigenschaften. Der als Ion abspaltbare Wasserstoff einer Säure kann unter Bildung eines Salzes durch Metall ersetzt werden.

Nach der Zahl der durch Metall ersetzbaren Wasserstoffatome unterscheidet man **einbasische** (z. B. HCl, HNO_3), **zweibasische** (z. B. H_2SO_4) und **dreibasische** (z. B. H_3PO_4)Säuren. Ist sämtlicher Wasserstoff einer Säure durch Metall ersetzt, so ist ein „neutrales Salz" (z. B. $NaCl$, Na_2SO_4) entstanden. Ist der Wasserstoff einer Säure nur teilweise durch Metall ersetzt, so erhält man „saure Salze" (z. B. $NaHSO_4$, Na_2HPO_4). Näheres siehe im Abschnitt „Salze" (S. 31).

Die Säuren sind nicht alle im gleichen Maße in die Ionen zerfallen. Da die Säurewirkung von der Menge der Wasserstoffionen abhängt, nennt man die Säuren, die weitgehend dissoziiert sind und daher viel Wasserstoffionen liefern, „starke" Säuren; zu ihnen gehören vor allem Chlorwasserstoffsäure (HCl), Schwefelsäure (H_2SO_4) und Salpetersäure (HNO_3), die auch als „Mineralsäuren" bezeichnet werden. Im Gegensatz dazu werden die Säuren, die nur in geringem Maße dissoziiert sind und deshalb nur wenig Wasserstoffionen liefern, „schwache" Säuren genannt; hierzu gehören beispielsweise Schwefelwasserstoff, Kohlensäure und die organischen Säuren (z. B. Essigsäure.) Genaueres s. S. 35, Massenwirkungsgesetz.

Entzieht man einer sauerstoffhaltigen Säure das chemisch gebundene Wasser, so erhält man das „Säure-anhydrid", [funktionelle Benennung (vgl. S. 6)].

$$H_2SO_4 - H_2O = SO_3 \quad \text{Schwefelsäure-anhydrid} =$$
$$\text{Schwefel(VI)-oxyd} = \text{Schwefeltrioxyd,}$$
$$2\,HNO_3 - H_2O = N_2O_5 \quad \text{Salpetersäure-anhydrid} =$$
$$\text{Stickstoff(V)-oxyd} = \text{Distickstoffpentoxyd.}$$

Versuch Nr. 2. Man bringe nacheinander auf ein Uhrglas je einige Tropfen der ausstehenden verdünnten Säuren (Salzsäure, Schwefelsäure, Salpetersäure, Essigsäure) und prüfe jedesmal ihr Verhalten gegen blaues und rotes Lackmuspapier, indem man die mit destilliertem Wasser angefeuchteten Papierstreifen in die Säuretropfen hineinhält.

Blaues Lackmuspapier wird durch Säuren rot gefärbt.

Stoffe, die (wie Lackmus) durch die Einwirkung geringer Mengen von Säuren oder auch Basen ihre Farbe charakteristisch verändern, werden zum Nachweis der sauren und basischen Reaktion einer Lösung verwendet und „Indikatoren" genannt.

Indikator	Farbe in saurer Lösung	Farbe in alkalischer Lösung
Lackmus	rot	blau
Methylorange	rot	gelb
Phenolphthalein	farblos	rot

Versuch Nr. 3. In zwei Reagensgläsern werden Salz- bzw. Schwefelsäure, der man einige Tropfen konzentrierter Säure[1] hinzugefügt hat, je mit 1—2 Tropfen Kupfersulfat-lösung und mit einem Stückchen granulierten Zink schwach erwärmt. In beiden Fällen tritt Wasserstoffentwicklung ein. — Hält man die Mündung des Reagensglases an die Flamme, so verbrennt der Wasserstoff, der mit der Luft ein explosives Gemisch (Knallgas) bildet, mit schwachem Knall. — Geeigneter ist folgende Versuchsanordnung. Auf das Reagensglas, in dem die Wasserstoffentwicklung stattfindet, wird ein durchbohrter Stopfen, durch den ein Glasrohr führt, aufgesetzt. Ein zweites Reagensglas wird dann mit der Öffnung nach unten auf das aus dem Stopfen herausragende Glasrohr lose aufgestülpt. Nach kurzer Zeit — besonders zu Beginn des Versuchs — wird dieses zweite Reagensglas nur zu einem Teil mit Wasserstoff gefüllt sein. Man verschließt es, indem man immer noch mit der Öffnung nach unten hält, mit dem Daumen, dreht es um und öffnet es dicht an einer Flamme: Die entstandene Mischung von Wasserstoff und Luftsauerstoff verbrennt mit einem pfeifenden Knall. Nun wiederholt man den Versuch mit einem anderen Reagensglas, warte aber längere Zeit und verfährt dann wie oben. Jetzt verbrennt der reine Wasserstoff mit kaum sichtbarer Flamme. — Der Wasserstoff der Säure ist durch das Zink ersetzt worden, und es ist ein Salz, Zinkchlorid bzw. Zinksulfat, entstanden.

---

[1] Vorsicht beim Umgang mit konzentrierter Schwefelsäure! (Vgl. S. 17.)

$$Zn + 2\,HCl = ZnCl_2 + H_2\!\uparrow;$$
$$Zn + H_2SO_4 = ZnSO_4 + H_2\!\uparrow.$$

Ionenschreibweise:

$$Zn + 2\,H^+ + 2\,Cl^- = Zn^{2+} + 2\,Cl^- + H_2\!\uparrow;$$
$$Zn + 2\,H^+ = Zn^{2+} + H_2\!\uparrow;$$
$$Zn + 2\,H^+ + SO_4^{2-} = Zn^{2+} + SO_4^{2-} + H_2\!\uparrow.$$
$$Zn + 2\,H^+ = Zn^{2+} + H_2\!\uparrow.$$

(Methode zur Darstellung von Wasserstoff im Laboratorium.)

Ebenso wie Zink lösen sich auch andere Metalle in Salz- bzw. Schwefelsäure unter Wasserstoffentwicklung auf, z. B. Magnesium, Aluminium, Eisen. Nicht löslich sind dagegen Kupfer, Quecksilber und die Edelmetalle (Silber, Gold usw.).

Versuch Nr. 4. Man übergieße ein Stückchen granuliertes Zink mit Essigsäure und erwärme. Die Wasserstoffentwicklung, die die schwache Essigsäure hervorruft, ist sehr gering.

Die Reaktionen einiger Säuren.

1. Halogenwasserstoffsäuren.

Chlorwasserstoff, HCl, ist ein farbloses Gas, das sich in Wasser leicht auflöst. Die wäßrige Lösung nennt man Chlorwasserstoffsäure oder auch Salzsäure (Acidum hydrochloricum). Die bei Zimmertemperatur gesättigte Lösung (konzentrierte Salzsäure) enthält etwa 35% Chlorwasserstoff gelöst. Die Salzsäure ist eine starke, einbasische Säure. Ihre Salze heißen Chloride, z. B. NaCl, Natriumchlorid (Natrium chloratum). Mit Ausnahme des Silberchlorids (AgCl), Bleichlorids ($PbCl_2$) und Quecksilber(I)-chlorids (Hg_2Cl_2) sind fast alle Chloride in Wasser leicht löslich.

Bromwasserstoff und Jodwasserstoff sind wie der Chlorwasserstoff farblose Gase, die sich leicht in Wasser auflösen. Die Salze der Bromwasserstoff- bzw. Jodwasserstoffsäure nennt man Bromide bzw. Jodide. Charakteristisch sind die Silbersalze, die schwerer löslich sind als das Silberchlorid.

Fluorwasserstoff ist eine wasserklare Flüssigkeit vom Siedepunkt 19°. Die wäßrige Lösung nennt man „Fluß-säure“. Die Salze der Fluorwasserstoffsäure werden als Fluoride bezeichnet. Das Silberfluorid (AgF) ist im Gegensatz zu den übrigen Silberhalogeniden in Wasser leicht löslich; das Calciumfluorid (CaF_2) ist im Gegensatz zu den anderen Calciumhalogeniden in Wasser schwer löslich. Die Fluorwasserstoffsäure besitzt die Fähigkeit, Kieselsäure und deren Salze, die Silikate (z. B. Glas), anzugreifen.

Versuch Nr. 5. Festes Natriumchlorid wird im Reagensglas mit etwas konzentrierter Schwefelsäure übergossen. Es entweicht Chlorwasserstoff. (Abzug!)

$$2\,NaCl + H_2SO_4 = Na_2SO_4 + 2\,HCl\uparrow.$$

(Methode zur Darstellung einer Säure: Freimachen einer Säure aus ihrem Salz durch eine starke, weniger flüchtige Säure, meist konzentrierte Schwefelsäure.)

Versuch Nr. 6. Konzentrierte Salzsäure wird im Reagensglas erwärmt. Es entweicht Chlorwasserstoffgas, da es wie alle Gase in der Wärme in Wasser weniger löslich ist als in der Kälte. (Abzug!)

Versuch Nr. 7. In zwei Reagensgläsern werden Salzsäure bzw. Natriumchlorid-lösung je mit einigen Tropfen Silbernitrat-lösung versetzt. In beiden Fällen entsteht sofort ein weißer, käsiger Niederschlag von Silberchlorid, der in Salpetersäure unlöslich, in Ammoniak dagegen leicht löslich ist.

$$HCl + AgNO_3 = HNO_3 + AgCl\downarrow;$$
$$H^+ + Cl^- + Ag^+ + NO_3^- = H^+ + NO_3^- + AgCl\downarrow;$$
$$Ag^+ + Cl^- = AgCl\downarrow.$$
$$NaCl + AgNO_3 = NaNO_3 + AgCl\downarrow;$$
$$Na^+ + Cl^- + Ag^+ + NO_3^- = Na^+ + NO_3^- + AgCl\downarrow;$$
$$Ag^+ + Cl^- = AgCl\downarrow.$$

Die Fällung des Silberchlorids mit Silbernitrat ist also ganz allgemein eine charakteristische Reaktion auf das Chlorion[1].

Anschließend prüfe man das Leitungswasser mit Silbernitrat. Man säure vorher mit einigen Tropfen Salpetersäure an, da von allen Silbersalzen nur das Silberchlorid (entsprechend auch das Silberbromid und Silberjodid) in Salpetersäure unlöslich ist; um die Prüfung auf Cl-Ionen eindeutig zu gestalten und keiner Täuschung durch abgeschiedenes Silbercarbonat oder Silberphosphat zu unterliegen, darf das Ansäuern mit Salpetersäure niemals unterbleiben.

Versuch Nr. 8. Man versetze Lösungen von Kaliumbromid bzw. Kaliumjodid mit je einigen Tropfen Salpetersäure und Silbernitrat-lösung. Es fallen aus: gelbliches Silberbromid

---

[1] Die Benutzung von Ionengleichungen hat mancherlei Vorzüge. Im allgemeinen werden die Gleichungen einfacher und umfassender, als wenn man die bei einem Versuche angewendeten Ausgangsstoffe und die entstehenden Reaktionsprodukte in Formeln zu einer Gleichung zusammenfaßt. Die auf beiden Seiten der Ionengleichung vorkommenden Ionenarten können fortgelassen werden, wie es in dem Beispiel der Fällung des Silberchlorids ausgeführt ist. Die erhaltene Schlußgleichung besagt dann, daß Silberionen mit Chlorionen zu undissoziiertem, schwer löslichem Silberchlorid zusammentreten, einerlei aus welchen Verbindungen diese Ionen abgespalten werden.

bzw. gelbes Silberjodid. Das Silberbromid löst sich nur in konzentriertem Ammoniak, das Silberjodid ist auch hierin unlöslich. Durch diese verschiedenartige Löslichkeit in Ammoniak sind die Silberhalogenide zu unterscheiden.

Versuch Nr. 9. In einem völlig trockenen Reagensglase wird eine Messerspitze Calciumfluorid mit etwas konzentrierter Schwefelsäure 3—5 Minuten erhitzt (Abzug!). Die entstehende Fluorwasserstoffsäure ätzt die Wandung des Reagensglases. Die Ätzung wird sichtbar nach dem Ausspülen und Trocknen des Gefäßes über der Flamme.

$$CaF_2 + H_2SO_4 = CaSO_4 + 2\,HF,$$
$$4\,HF + SiO_2 = 2\,H_2O + SiF_4\uparrow.$$

Siliciumtetrafluorid

Versuch Nr. 10. Ein Reagensglas wird unter etwa 45° mit einer Klammer gehalten, etwas gepulverter Braunstein eingefüllt und einige cm³ konzentrierter Salzsäure hinzugegeben. Man verschließt das Reagensglas mit einem durchbohrten Stopfen, durch den ein rechtwinklig gebogenes Gasableitungsrohr führt. Den längeren Schenkel läßt man in ein zweites Reagensglas tauchen, das zur Hälfte mit Wasser gefüllt ist. Nun erwärmt man die Braunstein-Salzsäure-Mischung und läßt das gebildete gelbgrüne Gas einige Zeit durch die Vorlage hindurchstreichen. Dann entferne man dieses zweite Reagensglas; erst dann unterbreche man das Erhitzen, da sonst Wasser aus der Vorlage in das Reaktionsgefäß zurücksteigen würde. Die Vorlage wird für den nächsten Versuch zurückgestellt. Man entferne den Stopfen vom ersten Reagensglas, prüfe den Geruch und führe in die Dämpfe einen Streifen angefeuchteten Lackmuspapiers ein; es wird entfärbt (Bleichung durch Chlor = Oxydationswirkung).

Zunächst entsteht bei dem Versuch Mangan(IV)-chlorid, das beim Erwärmen in das Mangan(II)-chlorid übergeht; dabei entweicht Chlor, ein gelb-grünes Gas von stechendem Geruch (Vorsicht! Abzug!), das sich in Wasser löst („Chlorwasser").

$$MnO_2 + 4\,HCl = \{MnCl_4\} + 2\,H_2O,$$
$$\{MnCl_4\} = MnCl_2 + Cl_2\uparrow.$$

(Methode zur Darstellung von Chlor im Laboratorium.)

2. Sauerstoffsäuren des Chlors.

Unterchlorige Säure (HClO) und Chlorsäure (HClO₃).

Diese beiden Säuren sind in wasserfreiem Zustande nicht bekannt; sie sind nur in wässeriger Lösung und in Form ihrer Salze existenzfähig. Ihre Salze nennt man Hypochlorite, bzw. Chlorate. — Kaliumchlorat,

$KClO_3$, wird offizinell „Kalium chloricum" genannt, Kaliumchlorid, KCl, „Kalium chloratum"; Vorsicht vor Verwechslungen! — Eine noch sauerstoffreichere Säure des Chlors ist die Überchlorsäure (Perchlorsäure), $HClO_4$, deren Kaliumsalz schwer löslich ist (vgl. Vers. Nr. 102).

Versuch Nr. 11. Man versetze das im vorangehenden Versuch in der Vorlage gebildete Chlorwasser unter Umschütteln mit verdünnter Natronlauge, bis der Geruch nach Chlor verschwunden ist. Es entsteht Natriumchlorid und Natriumhypochlorit.

$$2\,NaOH + Cl_2 = NaCl + NaClO + H_2O.$$

Das so erhaltene „Bleichwasser", dessen wirksamer Bestandteil das Natriumhypochlorit ist, hat stark oxydierende Eigenschaften. Man versetze Indigo-lösung mit Bleichwasser; der blaue Farbstoff wird zu gelblichen Produkten oxydiert.

Versuch Nr. 12. Auch der Chlorkalk, $Ca(ClO)Cl$, zeigt, wie das Natriumhypochlorit, oxydierende Eigenschaften.

Man übergieße etwas Chlorkalk mit Wasserstoffperoxyd und prüfe das sich lebhaft entwickelnde Gas mit einem glimmenden Holzspan auf Sauerstoff, durch den der glimmende Holzspan entflammt wird.

$$Ca(ClO)Cl + H_2O_2 = CaCl_2 + H_2O + O_2\uparrow.$$

Man schüttle eine Messerspitze Chlorkalk mit Wasser, filtriere und versetze das klare Filtrat:

a) mit Indigo-lösung. Es tritt Entfärbung ein.

b) mit Salzsäure. Es entweicht Chlor. Ein angefeuchteter Streifen Lackmuspapier wird durch die entweichenden Chlordämpfe entfärbt. (Bleichende Wirkung des Chlors.)

$$Ca(ClO)Cl + 2\,HCl = CaCl_2 + H_2O + Cl_2\uparrow.$$

Versuch Nr. 13. Eine Lösung von Kaliumchlorat wird mit verdünnter (!) Schwefelsäure und Silbernitrat-lösung versetzt. Das Kaliumchlorat ist in Kalium-ionen und ClO_3^--ionen dissoziiert; es entsteht keine Fällung von $AgCl$, allenfalls eine Trübung, da keine oder nur wenig Chlor-ionen vorhanden sind. Man gebe jetzt ein Stückchen Zink in die Lösung. Es scheidet sich weißes Silberchlorid als dicker Niederschlag aus, da das Chlorat durch naszierenden Wasserstoff (vgl. S. 51) zu Chlorid reduziert wird.

$$ClO_3^- + 6\,H = Cl^- + 3\,H_2O.$$

Versuch Nr. 14. Etwas festes Kaliumchlorat wird in einem trockenen Reagensglas erhitzt. Es entweicht Sauerstoff; ein glimmender Holzspan, der in das Reagensglas eingeführt wird, entflammt. Die Sauerstoffentwicklung wird beschleunigt durch einen Zusatz von Braunstein („katalytische" Wirkung).

$$2\ KClO_3 = 2\ KCl + 3\ O_2\uparrow.$$

(Methode zur Darstellung von Sauerstoff.)

3. Schwefelsäure.

Die Schwefelsäure (Acidum sulfuricum), H_2SO_4, ist eine starke zweibasische Säure. In wasserfreier Form ist sie eine farblose, ölige Flüssigkeit. Ihre Salze nennt man Sulfate, z. B. Na_2SO_4, Natriumsulfat (Natrium sulfuricum). Mit Ausnahme des Bleisulfats ($PbSO_4$) und der Erdalkalisulfate (z. B. $BaSO_4$) sind fast alle Sulfate in Wasser leicht löslich. Beim Arbeiten mit konzentrierter Schwefelsäure ist große Vorsicht nötig, da sie die meisten organischen Stoffe unter Verkohlung zerstört.

Versuch Nr. 15. Wasser wird mit einigen Tropfen konzentrierter Schwefelsäure versetzt; es tritt beim Mischen starke Erwärmung ein.

Man darf niemals umgekehrt verfahren, also Wasser zu konzentrierter Schwefelsäure hinzugeben, da dann das Wasser explosionsartig verdampfen und die konzentrierte Säure herausschleudern würde.

Versuch Nr. 16. In zwei Reagensgläsern werden Schwefelsäure bzw. Natriumsulfat-lösung je mit einigen Tropfen Bariumchlorid-lösung versetzt. In beiden Fällen entsteht ein schwerer, feinkörniger, weißer Niederschlag von Bariumsulfat, der in Salzsäure und Salpetersäure unlöslich ist.

$$H_2SO_4 + BaCl_2 = BaSO_4\downarrow + 2\ HCl;$$
$$Na_2SO_4 + BaCl_2 + BaSO_4\downarrow + 2\ NaCl;$$
$$SO_4^{2-} + Ba^{2+} = BaSO_4\downarrow.$$

Die Fällung des Bariumsulfats mit Bariumchlorid ist die Erkennungsreaktion des SO_4^{2-}-Ions.

Man prüfe Leitungswasser mit Bariumchlorid, nachdem man es mit Salzsäure angesäuert hat. Von allen Bariumsalzen ist nur das Bariumsulfat in Säuren unlöslich; um die Prüfung auf SO_4-Ionen eindeutig zu gestalten und keiner Täuschung durch abgeschiedenes Bariumcarbonat oder Bariumphosphat zu unterliegen, darf das Ansäuern mit Salzsäure niemals unterbleiben.

Versuch Nr. 17. Ein Stückchen granuliertes Zink wird mit konzentrierter Schwefelsäure übergossen. In der Kälte und beim schwachen Erwärmen tritt keine Wasserstoffentwicklung ein, da konzentrierte Schwefelsäure keine Wasserstoffionen enthält.

Erwärmt man nun einige Zeit, so tritt eine Gasentwicklung auf; es entweicht aber kein Wasserstoff. Die Schwefelsäure gibt vielmehr Sauerstoff an das Zink ab, und es entstehen nebeneinander **Schwefeldioxyd, Schwefel** und bisweilen sogar **Schwefelwasserstoff** (Geruchsprobe!) (Abzug!).

$$H_2SO_4 + \quad Zn = \quad \{ZnO\} + H_2O + SO_2\uparrow,$$
$$H_2SO_4 + 3\,Zn = 3\,\{ZnO\} + H_2O + S\downarrow,$$
$$H_2SO_4 + 4\,Zn = 4\,\{ZnO\} + H_2S\uparrow.$$

Das entstehende Zinkoxyd setzt sich sofort mit einem weiteren Molekül Schwefelsäure unter Bildung von **Zinksulfat** um:

$$\{ZnO\} + H_2SO_4 = ZnSO_4 + H_2O.$$

Heiße konzentrierte Schwefelsäure kann also ihren Sauerstoff an ein Metall abgeben (Oxydationswirkung).

Versuch Nr. 18. Man erhitze **Kupferspäne** mit **konzentrierter Schwefelsäure**. Die Schwefelsäure gibt Sauerstoff ab und führt das Kupfer in **Kupferoxyd** über, das sich sofort weiterhin mit Schwefelsäure zu **Kupfersulfat** umsetzt, und es entweicht **Schwefeldioxyd** (Abzug!).

$$Cu + H_2SO_4 = \{CuO\} + H_2O + SO_2\uparrow$$
$$\underline{\{CuO\} \quad + H_2SO_4 = CuSO_4 + H_2O}$$
$$Cu + 2\,H_2SO_4 = CuSO_4 + 2\,H_2O + SO_2\uparrow.$$

(Methode zur Darstellung von Schwefeldioxyd im Laboratorium.)

Das Schwefeldioxyd ist das Anhydrid der schwefligen Säure, H_2SO_3, deren Salze **Sulfite** genannt werden, z. B. Na_2SO_3, Natriumsulfit.

4. Thioschwefelsäure.

Die **Thioschwefelsäure**, $H_2S_2O_3$, leitet sich von der Schwefelsäure dadurch ab, daß ein Sauerstoffatom der Schwefelsäure durch ein Schwefelatom ersetzt ist. Sie ist frei nicht beständig, sondern zerfällt gleich in schweflige Säure und Schwefel. Die Salze der Thioschwefelsäure nennt man **Thiosulfate**.

Versuch Nr. 19. Eine Lösung von **Natriumthiosulfat** wird mit **Salzsäure** versetzt. Es scheidet sich **Schwefel** aus, und **Schwefeldioxyd** (Geruch!) entweicht.

$$Na_2S_2O_3 + 2\,HCl = 2\,NaCl + SO_2\uparrow + H_2O + S\downarrow.$$

Versuch Nr. 20. Man versetze **Jod-lösung** mit **Natriumthiosulfat-lösung**. Die braune Jod-lösung wird entfärbt, und es entsteht **Natriumjodid** und **Natrium-tetrathionat**. (Anwendung: Jodometrische Titration.)

$$2\,Na_2S_2O_3 + J_2 = 2\,NaJ + Na_2S_4O_6.$$

5. Kohlensäure.

Die Kohlensäure (Acidum carbonicum), H_2CO_3, ist frei nicht beständig, sondern sie zerfällt in Wasser und ihr Anhydrid, CO_2 (Kohlendioxyd, fälschlich auch oft als Kohlensäure bezeichnet). Löst man CO_2 in Wasser, so ist der größte Teil rein physikalisch gelöst, nur ein sehr kleiner Teil ist mit dem Wasser in Reaktion getreten und verleiht dem Wasser eine ganz schwach saure Reaktion: $H_2O+CO_2=H^+ + HCO_3^-$; die Kohlensäure wirkt demnach nur als schwache Säure. Sie ist zweibasisch; ihre Salze nennt man Carbonate, z. B. Na_2CO_3, Natriumcarbonat (Natrium carbonicum). Die Alkalicarbonate (z. B. Na_2CO_3 [Soda], K_2CO_3 [Pottasche]) und das Ammoniumcarbonat, $(NH_4)_2CO_3$, sind in Wasser leicht löslich, alle übrigen Carbonate sind in Wasser schwer löslich. Die neutralen Alkalicarbonate können unzersetzt geschmolzen werden, alle übrigen neutralen Metallcarbonate spalten sich beim Erhitzen mehr oder weniger leicht in Oxyde und Kohlendioxyd: z. B.

$$CaCO_3 = CaO + CO_2.$$

Ammoniumcarbonat zerfällt beim Erhitzen in Ammoniak, Wasser und Kohlendioxyd:

$$(NH_4)_2CO_3 = 2\,NH_3 + CO_2 + H_2O.$$

Alle sauren Carbonate („Hydrogencarbonate", früher auch „Bicarbonate" genannt) zerfallen beim Erhitzen unter Abspaltung von Wasser und Kohlendioxyd in das neutrale Carbonat, bzw. das Oxyd.

Versuch Nr. 21. Man blase mittels eines Glasrohres einige Zeit die Ausatmungsluft, die etwa 4 bis 5% Kohlendioxyd enthält, in eine Lösung von Bariumhydroxyd („Barytwasser"). Die Lösung trübt sich durch die Bildung von weißem Bariumcarbonat.

$$Ba(OH)_2 + CO_2 = BaCO_3\!\downarrow + H_2O.$$

Versuch Nr. 22. a) Man säuere Natriumcarbonat-lösung mit Salzsäure an: es entsteht Kohlendioxyd.

$$NaCO_3 + 2\,HCl = 2\,NaCl + H_2O + CO_2\!\uparrow.$$

b) Man übergieße ein Stückchen Marmor (Calciumcarbonat) mit Salzsäure: es tritt Auflösung ein und Kohlendioxyd entweicht.

$$CaCO_3 + 2\,HCl = CaCl_2 + H_2O + CO_2\!\uparrow.$$

(Methode zur Darstellung von Kohlendioxyd im Laboratorium.)

Das Kohlendioxyd bringt einen brennenden Holzspan, der in das Reagensglas hineingehalten wird, zum Erlöschen.

Hält man einen Glasstab, an dem ein Tropfen Barytwasser hängt, in den Gasraum über der Flüssigkeit, so trübt sich der Tropfen unter Bildung von $BaCO_3$ (Nachweis von Kohlendioxyd bzw. Carbonaten).

Versuch Nr. 23. Man versetze in zwei Reagensgläsern Lösungen von Kupfersulfat bzw. Calciumchlorid mit

Natriumcarbonat-lösung: es fällt Kupfer- bzw. Calcium-carbonat aus.

$$CuSO_4 + Na_2CO_3 = CuCO_3\!\downarrow + Na_2SO_4;$$
$$CaCl_2 + Na_2CO_3 = CaCO_3\!\downarrow + 2\,NaCl.$$

Sämtliche unlöslichen Metallcarbonate können gewonnen werden durch Fällung von Metallsalzlösungen mit Alkali- oder Ammonium-karbonatlösungen. Auf Zusatz von Säuren lösen sich die Nieder-schläge wieder auf.

Versuch Nr. 24. Man erhitze eine große Messerspitze **Natrium-bicarbonat** in einem trockenen Reagensglase. Es entsteht **Natriumcarbonat, Kohlendioxyd und Wasser.** Das ent-weichende Wasser schlägt sich an der kalten Wandung des Re-agensglases in Tröpfchen nieder; das Kohlendioxyd bringt einen brennenden Holzspan zum Erlöschen:

$$2\,NaHCO_3 = Na_2CO_3 + H_2O + CO_2\!\uparrow.$$

6. Salpetersäure.

Die **Salpetersäure** (Acidum nitricum), HNO_3, ist eine starke ein-basische Säure. Die konzentrierte Säure enthält etwa 65% HNO_3. Die Salze der Salpetersäure nennt man **Nitrate**, z. B. $NaNO_3$, Natriumnitrat (Natrium nitricum). Alle anorganischen Nitrate sind in Wasser leicht löslich, daher sind Fällungsreaktionen für das NO_3—-Ion nicht bekannt. Die Salpetersäure unterscheidet sich von der Salz-, bzw. Schwefelsäure dadurch, daß sie sehr leicht ihren Sauerstoff abgeben kann (**Oxydations-wirkung**).

Beim Arbeiten mit konzentrierter Salpetersäure muß man große Vor-sicht walten lassen, da sie organische Stoffe energisch oxydiert.

Versuch Nr. 25. Man erwärme festes **Kaliumnitrat** mit einigen Tropfen **konzentrierter Schwefelsäure.** Es wird **Sal-petersäure** freigemacht, die sich im oberen kälteren Teil des Reagensglases in Tropfen niederschlägt.

$$2\,KNO_3 + H_2SO_4 = K_2SO_4 + 2\,HNO_3.$$

(In analoger Weise stellte man früher aus Natriumnitrat (Chile-salpeter), $NaNO_3$, Salpetersäure dar.)

Versuch Nr. 26. Man versetze **Indigo-lösung** mit einigen Tropfen konzentrierter **Salpetersäure.** Die blaue Lösung wird **entfärbt**, da der Indigofarbstoff oxydiert wird.

Versuch Nr. 27. Man übergieße **Kupferspäne** mit etwas Wasser und füge einige Tropfen konzentrierte **Salpetersäure** hinzu. Es tritt eine heftige Reaktion ein, die Lösung färbt sich unter Bildung von **Kupfernitrat** blau, und es entweicht **Stickstoff-oxyd (NO)** als farbloses Gas, das sich, sobald es mit dem Luft-sauerstoff in Berührung kommt, braun färbt, da es in **Stickstoff-dioxyd (NO_2)** übergeht.

$$3\,Cu + 2\,HNO_3 = 3\,\{CuO\} + H_2O + 2\,NO\!\uparrow \qquad \text{(Oxydations-}$$
$$\text{wirkung der Salpetersäure)}$$
$$3\,\{CuO\} + 6\,HNO_3 = 3\,Cu(NO_3)_2 + 3\,H_2O \qquad \text{(Auflösung des}$$
$$\text{Oxyds in Salpetersäure)}$$

$$\overline{3\,Cu + 8\,HNO_3 = 3\,Cu(NO_3)_2 + 4\,H_2O + 2\,NO\!\uparrow,}$$
$$2\,NO + O_2 = 2\,NO_2 \ \text{(Oxydation an der Luft).}$$

Um die Bildung des farblosen Stickstoffoxyds zu demonstrieren, wird der Versuch mit einer einfachen „pneumatischen Wanne" in folgender Form (Abb. 2) ausgeführt. Das Reagensglas wird, wie bei der Entwicklung des Chlors beschrieben, eingeklammert und mit einem durchbohrten Stopfen versehen. Nur ist dieses Mal das lange, freie Ende des Gasableitungsrohrs ein kurzes Stück senkrecht nach oben gebogen und taucht so tief in ein mit Wasser gefülltes Becherglas, daß es vollständig bedeckt ist. In diesem Becherglas steht noch ein vollständig mit Wasser gefülltes Reagensglas mit der Öffnung nach unten. Nun bringt man durch schwaches Erwärmen den Versuch in Gang. Das NO reagiert zunächst mit dem Sauerstoff im Entwicklungsgefäß und entweicht, bzw. wird im Wasser gelöst. Allmählich wird der Gasraum farblos. Nun hält man das mit Wasser gefüllte Reagensglas über das Ende des Glasrohres. Beim weiteren Erwärmen füllt sich dieses zweite Reagensglas mit dem farblosen Stickstoffoxyd. Ist das Reagensglas — wenigstens zu einem Teil — gefüllt, verschließe man es unter Wasser mit dem Daumen. Man höre erst dann mit dem Erwärmen auf, wenn dafür Sorge getragen ist, daß das Wasser nicht zurücksteigen kann. Nach dem Umdrehen lüfte man den Daumen; es entweicht das farblose Stickstoffoxyd, das sich an der Öffnung beim Zusammentreffen mit der Luft unter Bildung von Stickstoffdioxyd braun färbt.

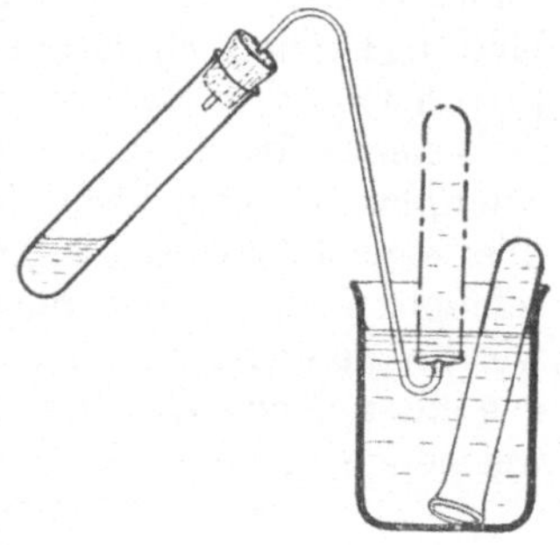

Abb. 2.

Versuch Nr. 28. Man säuere eine Lösung von Kaliumnitrat mit einigen Tropfen Schwefelsäure an und füge frisch bereitete, kalt gesättigte Eisen(II)-sulfat-lösung hinzu. Nun unterschichte man mit konzentrierter Schwefelsäure, indem man letztere langsam an der inneren Wand des schräg gehaltenen Reagensglases herablaufen läßt. Die Schwefelsäure sammelt sich unter der wäßrigen Lösung, ohne sich mit ihr zu mischen. Tritt eine

Erwärmung der Lösung ein, so kühle man sie unter der Wasserleitung wieder ab. An der Trennungsfläche der beiden Flüssigkeitsschichten entsteht eine tief braun gefärbte Zone.

a) $2 KNO_3 + H_2SO_4 = K_2SO_4 + 2 HNO_3$,

b) $2 HNO_3 + 6 FeSO_4 + 3 H_2SO_4 = 3 Fe_2(SO_4)_3 + 4 H_2O + 2 NO$,

c) $FeSO_4 + NO = Fe(NO)SO_4$.

Die durch das Ansäuern entstandene Salpetersäure (Gleichung a) gibt ihren Sauerstoff an das Eisen(II)-sulfat ab, das hierbei in das Eisen(III)-sulfat übergeht, und es entsteht das farblose Stickstoffoxyd (Gleichung b). Dieses lagert sich an das im Überschuß vorhandene Eisen(II)-sulfat an und bildet die braune Verbindung $Fe(NO)SO_4$, Eisen(II)-stickoxyd-sulfat (Gleichung c). (Nachweis für Salpetersäure und Nitrate.)

Versuch Nr. 29. Man erhitze viel festes Kaliumnitrat (Reagensglas 3—5 cm hoch füllen) in einem trockenen Reagensglas über einer möglichst starken Flamme. Wenn die ganze Masse geschmolzen ist, erhitze man kräftig weiter, bis lebhafte Gasentwicklung eintritt, so, als ob der Gefäßinhalt kocht, und prüfe nun das entstehende Gas mit einem glimmenden Holzspan: der entweichende Sauerstoff bringt diesen zur Entflammung.

$$2 KNO_3 = 2 KNO_2 + O_2\uparrow .$$

Alkalinitrate zerfallen beim Erhitzen in Alkalinitrite und Sauerstoff.

Versuch Nr. 30. Man erhitze Bleinitrat in einem trockenen Reagensglase. Es entweicht Stickstoffdioxyd und Sauerstoff, gelbes Bleioxyd bleibt zurück.

$$2 Pb(NO_3)_2 = 2 PbO + 4 NO_2\uparrow + O_2\uparrow .$$

Nitrate der unedlen Schwermetalle ergeben beim Erhitzen das Oxyd des Schwermetalls, außerdem Stickstoffdioxyd und Sauerstoff.

Versuch Nr. 31. Man erhitze Ammoniumnitrat in einem trockenen Reagensglase. Es entweichen Wasserdämpfe und Distickstoffoxyd („Lachgas"), N_2O. Um die Brennbarkeit des Gases zu zeigen, die durch den ebenfalls entstehenden Wasserdampf gestört wird, fange man das Gas in einer kleinen pneumatischen Wanne, wie bei der Darstellung des reinen NO beschrieben, auf und lasse einige Zeit (5—10 Minuten) in der Auffangvorrichtung zum Niederschlagen des Wasserdampfes stehen. Das gebildete Gas wird nach dem Entfernen des Daumens mit einem glimmenden Holzspan geprüft: er entflammt. Das N_2O unterhält — wie der Sauerstoff — die Verbrennung.

$$NH_4NO_3 = 2 H_2O + N_2O\uparrow .$$

7. Salpetrige Säure.

Salpetrige Säure, HNO_2, ist frei nicht existenzfähig; sie zerfällt sofort gemäß der Gleichung: $3\,HNO_2 = HNO_3 + 2\,NO + H_2O$. Die Salze der salpetrigen Säure nennt man Nitrite. Die Alkalinitrite entstehen beim Erhitzen der Alkalinitrate (vgl. S. 21). Salpetrige Säure wirkt sowohl oxydierend wie reduzierend (vgl. S. 53).

Versuch Nr. 32. Man säuere eine konzentrierte Lösung von Natriumnitrit mit Schwefelsäure an. Es entweicht farbloses Stickstoffoxyd (NO), das durch den Luftsauerstoff sofort zu braunem Stickstoffdioxyd (NO_2) oxydiert wird.

$$6\,NaNO_2 + 3\,H_2SO_4 = 3\,Na_2SO_4 + 2\,HNO_3 + 4\,NO\!\uparrow + 2\,H_2O;$$
$$2\,NO + O_2 = 2\,NO_2.$$

Versuch Nr. 33. Man versetze Natriumnitrit-lösung mit Ammoniumchlorid-lösung. Durch doppelte Umsetzung entsteht Ammoniumnitrit. Beim Erhitzen der Lösung spaltet sich das Ammoniumnitrit in Wasser und Stickstoff. Ein glimmender Span, der in das Reagensglas eingeführt wird, erlischt.

$$NaNO_2 + NH_4Cl = NH_4NO_2 + NaCl,$$
$$NH_4NO_2 = N_2\!\uparrow + 2\,H_2O.$$

(Methode zur Darstellung von reinem Stickstoff.)

8. Schwefelwasserstoff.

Schwefelwasserstoff, H_2S, ist ein farbloses, nach faulen Eiern riechendes Gas. Es ist in Wasser etwas löslich, die wäßrige Lösung bezeichnet man als „Schwefelwasserstoff-wasser". Schwefelwasserstoff ist eine sehr schwache zweibasische Säure; die Salze nennt man Sulfide, z. B. $(NH_4)_2S$, Ammoniumsulfid.

Die Sulfide der Alkalimetalle und das Ammoniumsulfid sind in Wasser leicht löslich. Die Sulfide der Erdalkalimetalle, des Magnesiums, des Aluminiums und des Chroms sind infolge von hydrolytischer Spaltung (vgl. S. 42) in wäßriger Lösung nicht beständig. Alle anderen Sulfide sind in Wasser schwer löslich. Von den in Wasser schwer löslichen Metallsulfiden wird ein Teil durch verdünnte Säuren unter Schwefelwasserstoff-entwicklung gelöst, während andere in Säuren unlöslich sind.

Dieses Verhalten der Sulfide wird in der qualitativen Analyse zur Trennung der Metalle in große Gruppen benutzt.

Leitet man in eine angesäuerte Metallsalzlösung Schwefelwasserstoff ein, so fallen nur die in Säuren unlöslichen Sulfide aus, und zwar die Sulfide des Silbers, Quecksilbers, Kupfers, Bleis, Wismuts, Arsens, Antimons und Zinns.

Die übrigen Metallsulfide werden durch Schwefelwasserstoff aus saurer Lösung nicht gefällt, sie fallen erst aus ammoniakalischer Lösung auf Zusatz von Ammoniumsulfid-lösung aus. Hierher gehören die Sulfide des Mangans, Zinks und Eisens.

Einige Sulfide zeigen eine charakteristische Farbe, so ist z. B. Antimon(III)-sulfid (Sb_2S_3) orangerot, Arsen(III)-sulfid (As_2S_3) gelb, Zinksulfid (ZnS) weiß, Kupfersulfid (CuS) schwarz.

Die Sulfide der Alkalimetalle und das Ammoniumsulfid vermögen Schwefel anzulagern und in Polysulfide überzugehen, z. B. $(NH_4)_2S + S = (NH_4)_2S_2$; $(NH_4)_2S + 2 S = (NH_4)_2S_3$ usw. Die meistens im Laboratorium benutzte gelbe Ammoniumsulfidlösung ist eine wäßrige Lösung von Ammoniumpolysulfid. Die Polysulfide werden durch Säuren unter Abscheidung von elementarem Schwefel zersetzt, z. B. $(NH_4)_2S_2 + 2 HCl = 2 NH_4Cl + H_2S + S$.

Schwefelwasserstoff kann Wasserstoff abgeben und findet daher als Reduktionsmittel Anwendung.

Versuch Nr. 34. Man übergieße Schwefeleisen, FeS, mit Salzsäure (Abzug!); es entweicht Schwefelwasserstoff. Hält man einen mit Bleiacetat-lösung befeuchteten Filtrierpapierstreifen in das Glas, so schwärzt er sich unter Bildung von Bleisulfid.

$$FeS + 2 HCl = FeCl_2 + H_2S\uparrow.$$

(Methode zur Darstellung von Schwefelwasserstoff.)

$$Pb(CH_3COO)_2 + H_2S = PbS\downarrow + 2 CH_3COOH.$$

(Nachweis von Schwefelwasserstoff.)

Den Schwefelwasserstoff fange man in der beim Chlor beschriebenen Weise (vgl. Vers. Nr. 10) auf und verwende das so erhaltene Schwefelwasserstoff-wasser für den nächsten Versuch.

Versuch Nr. 35. Das soeben erhaltene Schwefelwasserstoff-wasser versetze man mit viel Natronlauge. Der Schwefelwasserstoffgeruch verschwindet, da sich Natriumsulfid bildet.

$$H_2S + 2 NaOH = Na_2S + 2 H_2O.$$

Versuch Nr. 36. In Einzelversuchen versetze man Lösungen von Bleinitrat, Kaliumarsenit und Antimon(III)-chlorid mit Salzsäure und Schwefelwasserstoff-wasser. Es fallen die entsprechenden Metallsulfide aus (Beispiele für Sulfide, die in saurer Lösung mit H_2S fällbar sind).

$$Pb(NO_3)_2 + H_2S = PbS\downarrow + 2 HNO_3;$$
schwarz

$$2 K_3AsO_3 + 3 H_2S + 6 HCl = As_2S_3\downarrow + 6 KCl + 6 H_2O;$$
gelb

$$2 SbCl_3 + 3 H_2S = Sb_2S_3\downarrow + 6 HCl.$$
orangerot

Versuch Nr. 37. a) In Einzelversuchen versetze man Lösungen von Mangansulfat, Zinksulfat und eine frisch bereitete Lösung von Eisen(II)-sulfat mit Salzsäure und Schwefelwasserstoff-wasser. Es treten keine Fällungen ein, da die Sulfide des Mangans, Zinks und zweiwertigen Eisens in Säuren löslich sind.

b) In Einzelversuchen versetze man Lösungen von **Mangan-sulfat**, **Zinksulfat** und eine frisch bereitete Lösung von **Eisen(II)-sulfat** mit **Ammoniumsulfid**-lösung. Es fallen die entsprechenden Metallsulfide aus.

$$MnSO_4 + (NH_4)_2S = MnS \downarrow + (NH_4)_2SO_4;$$
$$\text{rosa}$$
$$ZnSO_4 + (NH_4)_2S = ZnS \downarrow + (NH_4)_2SO_4;$$
$$\text{weiß}$$
$$FeSO_4 + (NH_4)_2S = FeS \downarrow + (NH_4)_2SO_4.$$
$$\text{schwarz}$$

Die Sulfidfällungen werden abfiltriert und mit Säure übergossen; sie lösen sich unter Schwefelwasserstoff-entwicklung wieder auf, z. B.:

$$MnS + H_2SO_4 = MnSO_4 + H_2S\uparrow .$$

9. Phosphorsäure.

Die **Phosphorsäure**, H_3PO_4, ist eine **dreibasische Säure**. Von ihrem Anhydrid, P_2O_5 (Diphosphorpentoxyd), leiten sich auch einige wasserärmere Säuren ab. Alle diese Säuren des Phosphors entstehen durch Anlagerung von 1, 2 oder 3 Molekülen Wasser an 1 Molekül Diphosphorpentoxyd.

$$P_2O_5 + H_2O \quad = 2\,HPO_3 \text{ (Metaphosphorsäure; Salze: Metaphosphate);}$$
$$P_2O_5 + 2\,H_2O = H_4P_2O_7 \text{ (Pyrophosphorsäure; Salze: Pyrophosphate);}$$
$$P_2O_5 + 3\,H_2O = 2\,H_3PO_4 \text{ (Orthophosphorsäure; Salze: Orthophosphate)}[1].$$

Die **Orthophosphorsäure**, kurz Phosphorsäure genannt, bildet in reinem Zustande farblose Kristalle. Beim Erhitzen geht sie unter Wasserabspaltung zunächst in Pyrophosphorsäure und dann in Metaphosphorsäure über.

---

[1] Säuren, die aus demselben Säureanhydrid durch Anlagerung verschiedener Mengen Wasser entstehen, werden wie folgt unterschieden: Die wasserreichste Säure wird als „Orthosäure“ bezeichnet (z. B. H_3PO_4, Orthophosphorsäure).

Durch Austritt von 1 Molekül Wasser aus 2 Molekülen Orthosäure entsteht die „Pyrosäure“ (z. B. $2\,H_3PO_4 - H_2O = H_4P_2O_7$, Pyrophosphorsäure).

Durch Austritt von 1 Molekül Wasser aus 1 Molekül Orthosäure entsteht die „Metasäure“ (z. B. $H_3PO_4 - H_2O = HPO_3$, Metaphosphorsäure).

$$2\,H_3PO_4 - H_2O = H_4P_2O_7. \qquad H_3PO_4 - H_2O = HPO_3.$$

Die Salze der Orthophosphorsäure werden gewöhnlich als „Phosphate" bezeichnet; löslich sind die Alkaliphosphate und die primären Erdalkaliphosphate, z. B. $Ca(H_2PO_4)_2$.

Versuch Nr. 38. Man bringe eine Messerspitze roten Phosphor in eine kleine Porzellanschale, zünde den Phosphor an (Abzug!) und stülpe einen völlig trockenen Trichter, mit der weiten Öffnung nach unten, lose darüber. Der Phosphor verbrennt zu Diphosphorpentoxyd:

$$4\,P + 5\,O_2 = 2\,P_2O_5,$$

das sich an der Trichterwandung als weiße Masse, die Feuchtigkeit anzieht („hygroskopisch"), niederschlägt. Nach dem Erkalten wird das Diphosphorpentoxyd mit wenigen Tropfen kalten Wassers von der Trichterwandung abgespült und die Lösung auf zwei Reagensgläser verteilt.

a) Zu der Lösung in dem einen Reagensglas gibt man sofort einen Tropfen stark verdünnte Ammoniak-lösung und Silbernitrat-lösung hinzu. Da das Diphosphorpentoxyd sich mit dem Wasser zu Metaphosphorsäure umgesetzt hat, entsteht ein weißer Niederschlag von Silber-metaphosphat ($AgPO_3$), der in Säuren und Ammoniak löslich ist.

$$P_2O_5 + H_2O = 2\,HPO_3,$$
$$HPO_3 + AgNO_3 + NH_3 = AgPO_3\!\downarrow + NH_4NO_3.$$

b) In dem zweiten Reagensglas ist ebenfalls eine Lösung von Metaphosphorsäure enthalten. Bei längerem Stehen, schneller beim Kochen mit Säuren, geht die Metaphosphorsäure in Orthophosphorsäure über. Man koche die Lösung einige Zeit mit einigen Tropfen Salpetersäure, neutralisiere sie vorsichtig mit Ammoniaklösung (Prüfung mit Lackmuspapier!) und gebe Silbernitratlösung hinzu. Es fällt ein gelber Niederschlag von Silberorthophosphat (Ag_3PO_4) aus, der in Säuren und Ammoniaklösung löslich ist.

$$HPO_3 + H_2O = H_3PO_4,$$
$$H_3PO_4 + 3\,AgNO_3 + 3\,NH_3 = Ag_3PO_4\!\downarrow + 3\,NH_4NO_3.$$

Versuch Nr. 39. Man versetze 2—3 Tropfen Natriumphosphat-lösung, Na_2HPO_4, mit etwa 3 ccm einer Lösung von Ammoniummolybdat, $(NH_4)_2MoO_4$, die vorher mit soviel konzentrierter Salpetersäure versetzt worden ist, daß der zunächst entstehende Niederschlag von Molybdänsäure (H_2MoO_4) sich wieder aufgelöst hat[1]. Beim Erwärmen entsteht ein gelber Nieder-

---

[1] Der Zusatz von konz. HNO_3 unterbleibt, wenn die ausstehende Ammoniummolybdat-lösung bereits als salpetersaure Lösung gekennzeichnet ist.

schlag $(NH_4)_3[P(Mo_3O_{10})_4]$ = Ammoniumsalz einer komplexen Molybdatophosphorsäure. — (Nachweis der Phosphorsäure in saurer Lösung.)

Versuch Nr. 40. Man versetze Natriumphosphat-lösung mit Ammoniumchlorid- und Magnesiumsulfat-lösung und gebe hierauf Ammoniak-lösung hinzu. Es fällt ein weißer kristallinischer Niederschlag von Magnesium-ammonium-phosphat aus. — Der Zusatz von Ammoniumchlorid soll verhindern, daß durch die Ammoniak-lösung das Magnesium als Hydroxyd ausgefällt wird (Schwächung der Basizität der Ammoniak-lösung durch einen gleichionigen Zusatz, vgl. Vers. Nr. 59).

$$Na_2HPO_4 + MgSO_4 + NH_3 = Mg(NH_4)PO_4\downarrow + Na_2SO_4.$$

(Nachweis der Phosphorsäure in alkalischer Lösung.)

Versuch Nr. 41. Man erhitze am Magnesiastäbchen etwas „Phosphorsalz", $Na(NH_4)HPO_4$, Natrium-ammonium-hydrogenphosphat. Es entsteht unter Abspaltung von Ammoniak und Wasser Natrium-metaphosphat („Phosphorsalz-Perle").

$$Na(NH_4)HPO_4 = NaPO_3 + NH_3\uparrow + H_2O\uparrow.$$

Geschmolzenes Natriummetaphosphat hat die Fähigkeit, Metalloxyde aufzulösen; hierbei entstehen charakteristisch gefärbte Schmelzflüsse. Man erhitze das gebildete Natrium-metaphosphat mit einem Körnchen Kobaltsulfat ($CoSO_4$). Es entsteht eine blaue Schmelze von Natrium-kobalt-orthophosphat.

$$CoSO_4 = CoO + SO_3\uparrow,$$
$$CoO + NaPO_3 = NaCoPO_4.$$

Man wiederhole den Versuch unter Anwendung eines Körnchens Chrom(III)-sulfat. Die Phosphorsalzperle färbt sich grün.

10. Borsäure.

Die Borsäure, H_3BO_3, kristallisiert in weißen Blättchen, die in kaltem Wasser etwas löslich sind („Borwasser"). Der Borax leitet sich nicht von der Borsäure, H_3BO_3, ab, sondern von der wasserärmeren „Tetraborsäure", $H_2B_4O_7$ ($4\,H_3BO_3 - 5\,H_2O = H_2B_4O_7$); der Borax ist das Natriumtetraborat, $Na_2B_4O_7 \cdot 10\,H_2O$.

Versuch Nr. 42. Man koche eine Messerspitze Borax einige Zeit mit einer zur Auflösung unzureichenden Menge Wasser, filtriere und säure das Filtrat mit einigen Tropfen konzentrierter Salzsäure an. Es fällt ein weißer, kristallinischer Niederschlag von Borsäure, H_3BO_3, aus.

$$Na_2B_4O_7 + 2\,HCl + 5\,H_2O = 2\,NaCl + 4\,H_3BO_3\downarrow.$$

Versuch Nr. 43. Man erhitze am Magnesiastäbchen etwas Borax; es entsteht unter Wasserabspaltung ein klarer Glasfluß („Boraxperle"), der analog wie beim Phosphorsalz Metalloxyde mit charakteristischer Farbe auflöst.

Man bringe an die Boraxperle ein kleines Körnchen Kobaltsulfat und erhitze zum klaren Fluß.

$$Na_2B_4O_7 \cdot 10\,H_2O = 2\,NaBO_2 + B_2O_3 + 10\,H_2O\uparrow,$$
$$B_2O_3 + CoSO_4 = Co(BO_2)_2 + SO_3\uparrow.$$

Man fertige eine Boraxperle mit einem Chrom(III)-salz an.

Die Farben der Boraxperlen entsprechen im allgemeinen denen der Phosphorsalzperlen, doch sind die Farben der Boraxperlen weniger rein.

Versuch Nr. 44. Man übergieße etwas Borax mit einigen Kubikzentimetern Methylalkohol, füge einige Tropfen konzentrierte Schwefelsäure hinzu und erhitze vorsichtig zum gelinden Sieden. Es entweicht Borsäuremethylester (über Ester vgl. S. 115), der beim Anzünden an der Mündung des Reagensglases mit grüner Flamme verbrennt.

$$
\begin{array}{ccc}
\diagup O\,H + HO \cdot CH_3 & & \diagup O \cdot CH_3 \\
B{-}O\,H + HO \cdot CH_3 = 3\,H_2O + B{-}O \cdot CH_3\uparrow . \\
\diagdown O\,H + HO \cdot CH_3 & & \diagdown O \cdot CH_3
\end{array}
$$

(Nachweis von Borsäure.)

C. Basen.

Basen sind Verbindungen, die in wäßriger Lösung als Anionen Hydroxylionen bilden, entweder direkt durch Dissoziation, wie bei $NaOH(NaOH \rightarrow Na^+ + OH^-)$, oder indirekt, wie bei NH_3 durch Reaktion mit dem Wasser ($NH_3 + H_2O \rightarrow NH_4^+ + OH^-$); die Hydroxylionen sind die Ursache der basischen Eigenschaften.

Leicht löslich sind die Alkalihydroxyde; schwerer löslich sind die Erdalkalihydroxyde; alle anderen Metallhydroxyde sind nahezu unlöslich im Wasser. Beim Glühen geben alle Metallhydroxyde, mit Ausnahme der Alkalihydroxyde, Wasser ab und gehen in die entsprechenden Metalloxyde über, z. B.:

$$Zn(OH)_2 = ZnO + H_2O.$$

Nach der Zahl der Hydroxylgruppen unterscheidet man die Basen als **einsäurig** (z. B. NaOH, KOH), **zweisäurig** (z. B.

Ba(OH)$_2$, Cu(OH)$_2$) und **mehrsäurig**. Ersetzt man in einer Base sämtliche Hydroxylgruppen durch Säurereste, so erhält man ein **neutrales Salz** (z. B. NaCl, BaCl$_2$). Sind bei einer Base die Hydroxylgruppen nur teilweise durch Säurereste ersetzt, so erhält man **basische Salze** (z. B. Ba(OH)Cl). Näheres siehe im Abschnitt „Salze" (S. 32).

Nach der Größe der elektrolytischen Dissoziation unterscheidet man „starke" und „schwache" Basen. Zu den ersteren gehören die Alkalihydroxyde und die Erdalkalihydroxyde, zu letzteren vor allem die Ammoniak-lösung[1] und die meisten organischen Basen.

Versuch Nr. 45. a) Man bringe nacheinander auf ein Uhrglas je einige Tropfen **Natriumhydroxyd**-lösung (Natronlauge), **Ammoniak**-lösung (Salmiakgeist) und **Calciumhydroxyd**-lösung (Kalkwasser) und prüfe jedesmal ihr Verhalten gegen blaues und rotes **Lackmuspapier**.

Rotes Lackmuspapier wird durch Basen blau gefärbt.

b) Man versetze im Reagensglas die angeführten Hydroxydlösungen mit einigen Tropfen **Phenolphthalein**-lösung.

Phenolphthalein wird durch Basen rot gefärbt.

Versuch Nr. 46. Man entzünde ein Stückchen **Magnesium**band[2], bringe das Verbrennungsprodukt (Magnesiumoxyd) in ein Reagensglas und koche 1—2 Minuten mit etwas Wasser. Dann prüfe man die wäßrige Lösung mit Lackmuspapier. Es ist **Magnesiumhydroxyd** entstanden.

$$2\,\text{Mg} + \text{O}_2 = 2\,\text{MgO},$$
$$\text{MgO} + \text{H}_2\text{O} = \text{Mg(OH)}_2.$$

(Bildung einer Base aus Metalloxyd und Wasser.)

Versuch Nr. 47. In Einzelversuchen versetze man Lösungen von **Calciumchlorid**, **Magnesiumsulfat**, **Mangansulfat** und **Eisen(III)-chlorid** mit **Natronlauge**. Es werden die **Hydroxyde** des Calciums, Magnesiums, Mangans und Eisens gefällt.

---

[1] Ammoniak-lösung ist eine Auflösung von gasförmigem Ammoniak (NH$_3$) in Wasser. In dieser Lösung sind zur Hauptsache NH$_3$-Moleküle vorhanden, nur ein kleiner Teil hat sich mit dem Wasser umgesetzt: NH$_3$ + H$_2$O = NH$_4^+$ + OH$^-$. Neben den NH$_4^+$-Ionen hat sich also eine äquivalente Menge OH$^-$-Ionen gebildet; deshalb wirkt eine Ammoniaklösung als Base. Wegen der geringen Konzentration der OH$^-$-Ionen ist sie aber nur eine schwache Base.

[2] Man vermeide es, in das intensive Licht zu sehen.

$$CaCl_2 + 2\,NaOH = Ca(OH)_2 \downarrow + 2\,NaCl;$$
$$MgSO_4 + 2\,NaOH = Mg(OH)_2 \downarrow + Na_2SO_4;$$
$$MnSO_4 + 2\,NaOH = Mn(OH)_2 \downarrow + Na_2SO_4;$$
$$FeCl_3 + 3\,NaOH = Fe(OH)_3 \downarrow + 3\,NaCl.$$

Auf Zusatz von Salzsäure lösen sich die entstandenen Metallhydroxyde sämtlich wieder auf, z. B.

$$Ca(OH)_2 + 2\,HCl = CaCl_2 + 2\,H_2O.$$

Sämtliche Metallhydroxyde, mit Ausnahme der Alkalihydroxyde, können gewonnen werden durch Fällung der Metallsalzlösungen mit Alkalilauge.

Ammoniak-lösung fällt als schwache Base nur die unlöslichen Metallhydroxyde aus den entsprechenden Metallsalzlösungen aus (Ausnahme Vers. Nr. 158); die Hydroxyde der Erdalkalimetalle (und selbstverständlich auch die Alkalihydroxyde) werden nicht gefällt, diese Hydroxyde machen vielmehr aus Ammoniumsalzen Ammoniak frei.

Versuch Nr. 48. In zwei Reagensgläsern werden Quecksilber(II)-chlorid- bzw. Kupfersulfat-lösung mit Natronlauge versetzt. Es fallen gelbes Quecksilber(II)-oxyd bzw. blaues Kupfer(II)-hydroxyd aus; das letztere geht beim Erwärmen unter der Lösung in schwarzes Kupfer(II)-oxyd über.

$$HgCl_2 + 2\,NaOH = HgO \downarrow + H_2O + 2\,NaCl;$$
$$CuSO_4 + 2\,NaOH = Cu(OH)_2 \downarrow + Na_2SO_4;$$
$$Cu(OH)_2 = CuO + H_2O.$$

Die Hydroxyde der edleren Metalle (z. B. Quecksilber, Kupfer, Silber) sind unbeständig und zerfallen sofort oder beim Erwärmen in das Oxyd und Wasser.

Versuch Nr. 49. In Einzelversuchen versetze man Lösungen von Zink-sulfat, Aluminium-sulfat, Chrom(III)-sulfat, Blei-nitrat und Zinn(II)-chlorid tropfenweise mit Natronlauge. Es fallen die Hydroxyde des Zinks, Aluminiums, Chroms, Bleis und Zinns aus.

$$ZnSO_4 + 2\,NaOH = Zn(OH)_2 \downarrow + Na_2SO_4;$$
$$Al_2(SO_4)_3 + 6\,NaOH = 2\,Al(OH)_3 \downarrow + 3\,Na_2SO_4;$$
$$Cr_2(SO_4)_3 + 6\,NaOH = 2\,Cr(OH)_3 \downarrow + 3\,Na_2SO_4;$$
$$Pb(NO_3)_2 + 2\,NaOH = Pb(OH)_2 \downarrow + 2\,NaNO_3;$$
$$SnCl_2 + 2\,NaOH = Sn(OH)_2 \downarrow + 2\,NaCl.$$

Fügt man jetzt zu den Fällungen mehr Natronlauge hinzu, so lösen sie sich sämtlich wieder auf.

Hätte man zu den entstandenen Fällungen eine Säure hinzugefügt, so würden sie sich ebenfalls sämtlich wieder aufgelöst haben, z. B. $Zn(OH)_2 + 2\,HCl = ZnCl_2 + 2\,H_2O$.

Die Hydroxyde des Zinks, Aluminiums, Chroms, Bleis und Zinns lösen sich sowohl in Säuren als auch in Basen auf.

Bei der Auflösung dieser Hydroxyde mit Säuren bilden sich in normaler Reaktionsweise Salze (vgl. Abschnitt über Salze, S. 32); aber auch bei Reaktion mit überschüssiger Base bilden sich Salze, die aber wegen ihres besonderen Aufbaus als komplexe Salze bezeichnet werden (vgl. hierzu den Abschnitt über komplexe Salze, wo diese Reaktion ausführlicher behandelt wird, S. 44).

Versuch Nr. 50. Man versetze Lösungen von Kupfersulfat bzw. Zinksulfat tropfenweise mit Ammoniak-lösung. Es fallen die Hydroxyde des Kupfers bzw. Zinks aus. Fügt man jetzt weiterhin Ammoniak-lösung hinzu, so lösen sich die Niederschläge unter Bildung einer tiefblauen bzw. farblosen Verbindung wieder auf. Bei der Auflösung dieser zwei Hydroxyde bilden sich auch komplexe Verbindungen, wie bei der Reaktion mit überschüssiger Natronlauge, aber von ganz anderer Art (vgl. hierzu den Abschnitt über komplexe Salze, wo diese Reaktion ausführlicher behandelt wird, S. 45).

D. Salze.

Salze sind Verbindungen, die in wäßriger Lösung in Metallionen oder zusammengesetzte Kationen (wie NH_4^+ oder $[Cu(NH_3)_4]^{2+}$) und Säurerest-ionen zerfallen.

Neutrale Salze entstehen, wenn alle als Ion abspaltbaren Wasserstoffatome einer Säure durch Metallatome ersetzt sind, oder wenn alle als Ion abspaltbaren Hydroxylgruppen einer Base durch Säurereste ersetzt sind.

Neutrale Salze brauchen nicht neutral zu reagieren (vgl. den Abschnitt über Hydrolyse, S. 39).

Saure Salze entstehen, wenn die als Ionen abspaltbaren Wasserstoffatome einer mehrbasischen Säure nur teilweise durch Metallatome ersetzt sind. Von einer zweibasischen Säure, z. B. der Schwefelsäure (H_2SO_4), sind folgende Salze möglich:

$NaHSO_4$: saures Natrium-sulfat (Natrium-bisulfat) = Natrium-hydrogensulfat;

Na_2SO_4: (neutrales) Natrium-sulfat.

Von einer dreibasischen Säure, z. B. der Phosphorsäure (H_3PO_4), sind folgende Salze möglich:

NaH_2PO_4: primäres Natriumphosphat $=$ Natriumdihydrogenphosphat,

Na_2HPO_4: sekundäres Natriumphosphat $=$ Dinatriumhydrogenphosphat

Na_3PO_4: tertiäres Natrium-phosphat $=$ Trinatriumphosphat.

Basische Salze entstehen, wenn die als Ionen abspaltbaren Hydroxylgruppen einer mehrsäurigen Base nur **teilweise** durch Säurereste ersetzt sind. Von einer mehrsäurigen Base, z. B. Bariumhydroxyd, $Ba(OH)_2$, sind folgende Salze möglich:

$Ba(OH)Cl$: basisches Bariumchlorid $=$ Bariumhydroxychlorid,

$BaCl_2$: (neutrales) Bariumchlorid.

Einige basische Salze spalten leicht Wasser ab, z. B.:

$$Sb{\Big\langle}{\overset{\textstyle OH}{\underset{\textstyle Cl}{O\ H}}} = H_2O + Sb{\Big\langle}{\overset{\textstyle O}{\underset{\textstyle Cl}{}}}.$$

Zweifachbasisches   Antimonyl-chlorid
Antimonchlorid

Über Doppelsalze und Komplexsalze vgl. den besonderen Abschnitt (S. 43).

Versuch Nr. 51. Man füge zu **Natronlauge** tropfenweise **Salzsäure** unter Umschütteln hinzu und beobachte die Farbänderung eines in der Lösung befindlichen Stückchen **Lackmuspapiers**. Das Lackmuspapier ist zunächst blau gefärbt, nimmt dann bei fortschreitendem Säurezusatz eine blaurote Farbe an und wird schließlich, wenn die Säure überwiegt, deutlich rot. Man hört mit dem Säurezusatz auf, sobald gerade die blaurote Farbe auftritt. In diesem Augenblick reagiert die Lösung weder basisch noch sauer, sie ist „neutral" geworden. Beim Eindampfen dieser Lösung erhält man reines Natriumchlorid (Kochsalz).

$$NaOH + HCl = NaCl + H_2O,$$
$$Na^+ + OH^- + H^+ + Cl^- = Na^+ + Cl^- + H_2O.$$

(Bildung eines Salzes aus Base und Säure [„Neutralisation"].)

Bei der Neutralisation vereinigen sich stets die Hydroxylionen der Base mit den Wasserstoffionen der Säure zu Wasser:

$$H^+ + OH^- = H_2O.$$

Versuch Nr. 52. Man übergieße **Magnesiumoxyd** mit **Salzsäure**. Es tritt Auflösung ein.

$$MgO + 2\,HCl = MgCl_2 + H_2O.$$

(Bildung eines Salzes aus Metalloxyd und Säure.)

Versuch Nr. 53. Man übergieße wenig **Bleicarbonat** mit **Salzsäure** und erhitze zum Sieden, bis die Gasentwicklung beendet und eine klare Lösung entstanden ist. Beim Erkalten scheidet sich aus der Lösung **Bleichlorid** aus.

$$PbCO_3 + 2\ HCl = PbCl_2 + H_2O + CO_2\uparrow.$$

(Bildung eines Salzes aus einem Metallcarbonat und Säure.)

Versuch Nr. 53a. Man übergieße Eisenfeile mit 2 ccm Schwefelsäure, der man 5 Tropfen konz. Schwefelsäure zugefügt hat, erwärme 5 Minuten und filtriere. Aus dem Filtrat kristallisiert beim Abkühlen und Anreiben **Eisen(II)-sulfat** aus. Fügt man zu dem Filtrat Alkohol hinzu, so erfolgt die Abscheidung des Eisen(II)-sulfats sofort, da dasselbe in verdünntem Alkohol unlöslich ist.

$$Fe + H_2SO_4 = FeSO_4 + H_2\uparrow.$$

(Ersatz des Säure-Wasserstoffs durch ein Metall unter Salzbildung.)

Versuch Nr. 54. Man versetze **Natriumchlorid**-lösung mit **Silbernitrat**-lösung bzw. **Natriumsulfat**-lösung mit **Bariumchlorid**-lösung. Es entstehen Natriumnitrat und Silberchlorid bzw. Natriumchlorid und Bariumsulfat.

$$NaCl + AgNO_3 = NaNO_3 + AgCl\downarrow;$$
$$Na_2SO_4 + BaCl_2 = 2\ NaCl + BaSO_4\downarrow.$$

(Durch die Wechselwirkung zweier Salze [doppelte Umsetzung] können neue Salze entstehen.)

E. Zur elektrolytischen Dissoziation.

In wäßriger Lösung sind die Moleküle der Säuren, Basen und Salze mehr oder weniger in Ionen zerfallen (vgl. S. 10). Die Größe des Zerfalls ist von folgenden Faktoren abhängig:

1. **Von der Natur der gelösten Verbindung.** So sind in verdünnten Lösungen, die starken Säuren und Basen weitgehend in Ionen zerfallen, während die schwachen Säuren und Basen nur wenig dissoziiert sind. Die Salze sind in verdünnten Lösungen mit wenigen Ausnahmen weitgehend in die Ionen gespalten.

2. **Von dem Grade der Verdünnung,** derart, daß mit zunehmender Verdünnung auch der Zerfall in die Ionen zunimmt.

Versuch Nr. 55. Man verdünne konzentrierte **Kupfer(II)-chlorid**-lösung tropfenweise mit Wasser. Die anfangs grüne Lösung färbt sich **blau**. (Die blaue Lösung stelle man für den folgenden Versuch zurück.) In der konzentrierten Kupfer(II)-chlorid-lösung ist ein geringer Teil der Moleküle in die blauen

Kupfer(II)-Ionen und die farblosen Chlorionen gespalten, es überwiegen jedoch die undissoziierten braunen Moleküle des Kupfer(II)-chlorids, und die Lösung erscheint grün (Mischfarbe). Beim Verdünnen zerfällt der größte Teil der braunen Moleküle in die Ionen, und die Lösung zeigt die Farbe der blauen Kupfer(II)-Ionen.

3. Von der Anwesenheit anderer Stoffe in der Lösung, die ein gleiches Ion liefern wie die ursprünglich gelöste Verbindung. Ein gleichioniger Zusatz drängt die Spaltung in die Ionen zurück, und die Menge des undissoziierten Teils wird größer.

Versuch Nr. 56. Man versetze die blaue Kupfer(II)-chlorid-lösung, die man bei dem vorhergehenden Versuch erhalten hat, mit konzentrierter Salzsäure, wodurch die Menge der ursprünglich vorhandenen Chlorionen erheblich vermehrt wird (gleich-ioniger Zusatz). Die blaue Lösung färbt sich grün und bei Zusatz von sehr viel Salzsäure sogar gelbbraun, da die blauen Kupfer(II)-Ionen und die farblosen Chlorionen sich wieder zu undissoziierten braunen Kupfer(II)-chlorid-Molekülen vereinigen.

Auch die folgenden Versuche zeigen, daß ein gleichioniger Zusatz den Zerfall eines Elektrolyten in die Ionen zurückdrängt.

Versuch Nr. 57. Man verdünne einen Tropfen Essigsäure mit einigen Kubikzentimetern Wasser und füge einen Tropfen Methylorange hinzu. Die Lösung färbt sich rot. Auf Zusatz von Natriumacetat-lösung schlägt die Farbe des Indikators in Gelb um.

Die Menge der in der Essigsäure vorhandenen Wasserstoffionen war ausreichend, die rote Farbe des Indikators hervorzurufen; durch den gleich-ionigen Zusatz wird die Dissoziation der Essigsäure zurückgedrängt und die Menge der Wasserstoffionen wird zu gering, um die rote Farbe aufrecht zu erhalten; die Lösung färbt sich daher gelb.

Eine mit Natriumacetat versetzte Essigsäure-lösung zeigt demnach eine geringere Säurewirkung als reine Essigsäure. Eine solche Lösung hat die Eigenschaft gegenüber Verdünnungen bzw. Säure- oder Basenzugaben in gewissem Umfang ihre Acidität zu bewahren und wird wegen der Fähigkeit, diese Einflüsse abzufangen, als „Pufferlösung" bezeichnet.

Versuch Nr. 58. Man verdünne einen Tropfen Ammoniak-lösung mit einigen Kubikzentimetern Wasser und füge einen Tropfen Phenolphthalein-lösung hinzu. Die Lösung färbt sich intensiv rot. Auf Zusatz von Ammoniumchlorid-lösung wird die Lösung fast farblos.

Die Menge der in der Ammoniak-lösung vorhandenen Hydroxylionen (vgl. Anmerk. S. 29) war ausreichend, die rote Farbe des

Indikators hervorzurufen; durch den gleich-ionigen Zusatz wird die Bildung des Ammoniumions zurückgedrängt, und die Menge der Hydroxylionen wird zu gering, um die rote Farbe aufrecht zu erhalten; die Lösung entfärbt sich daher.

Eine mit Ammoniumchlorid versetzte Ammoniak-lösung zeigt demnach eine geringere Basenwirkung als eine reine Ammoniak-lösung. Eine Lösung dieser Art ist ein weiteres Beispiel für eine „Pufferlösung".

Versuch Nr. 59. Man bringe in zwei Reagensgläser je einige Kubikzentimeter **Magnesiumsulfat**-lösung und füge zur einen einige Kubikzentimeter **Ammoniumchlorid**-lösung, zur anderen **die gleiche Menge Wasser** hinzu. Nun gibt man zu beiden Lösungen gleich viel **Ammoniak**-lösung. Es fällt nur in der ammoniumsalz-freien Lösung ein Niederschlag von **Magnesiumhydroxyd** aus. In der anderen Lösung sind durch die Anwesenheit des Ammoniumchlorids (gleich-ioniger Zusatz) die basischen Eigenschaften der Ammoniak-lösung so weit herabgesetzt worden, daß das Magnesiumhydroxyd nicht mehr gefällt werden kann. — Entsprechend fallen auch einige andere Metallhydroxyde aus ammoniumsalz-haltigen Lösungen auf Zusatz von Ammoniak nicht aus.

Die Zurückdrängung der Dissoziation durch einen gleichionigen Zusatz tritt nur bei den schwachen Säuren und Basen in Erscheinung. Die starken Säuren und Basen sind so weitgehend dissoziiert, daß ein gleichioniger Zusatz keine merkliche Verminderung der Dissoziation hervorruft.

Anhang: Das Massenwirkungsgesetz

Alle chemischen Reaktionen führen zu einem „Gleichgewicht", d. h. bringt man zwei Stoffe (etwa Brom und Wasserstoff) zur Reaktion, so verbinden sie sich nicht vollständig miteinander (zum Bromwasserstoff), sondern die Umsetzung kommt zum Stillstand, wenn noch nicht alles verbraucht ist und noch gewisse Anteile der Ausgangsstoffe neben den Endprodukten vorhanden sind. Dieselbe Zusammensetzung kann man auch erreichen, wenn man umgekehrt von den Endprodukten ausgeht und diese unter die gleichen äußeren Bedingungen (Temperatur und Druck) bringt. Will man diesen Sachverhalt in der Reaktionsgleichung exakt zum Ausdruck bringen, so schreibt man statt des Gleichheitszeichens einen Doppelpfeil:

$$H_2 + Br_2 \rightleftarrows 2\,HBr.$$

Oft liegt das Gleichgewicht allerdings sehr weit zugunsten einer Seite der Reaktion verschoben, so daß die Produkte der anderen Seite nur in verschwindend geringem Maße vorhanden sind, und somit praktisch entweder überhaupt kein oder ein vollständiger Umsatz eingetreten zu sein scheint. Manchmal wird allerdings auch die Einstellung des Gleichgewichts durch Hemmnisse verzögert; ein Beispiel für ein solches „Ungleichgewicht" ist das Knallgas, bei dem die Geschwindigkeit der Einstellung des Gleichgewichts so gering ist, daß es bei gewöhnlicher Temperatur praktisch unverändert bleibt. Wird die Umsetzung durch Erhöhung der Temperatur (oder einen „Katalysator") eingeleitet, so vollzieht sie sich momentan durch das ganze Gemisch. In dem nun eingestellten Gleichgewicht sind bei Zimmertemperatur praktisch der gesamte Wasserstoff und Sauerstoff (wenn äquivalente Mengen verwendet wurden) verschwunden, so daß die Umsetzung vollständig zu sein scheint.

Solche Umsetzungen, die sich nur in einer „Phase" vollziehen, also entweder nur im Gasraum oder in einer Flüssigkeit, nennt man „homogene Reaktionen". Für die Lage des Gleichgewichts bei diesen Reaktionen gilt ein einfacher formelmäßiger Zusammenhang, der als „Massenwirkungsgesetz" bezeichnet wird. Die Lage des Gleichgewichts ist von den „molaren Konzentrationen"[1] der beteiligten Stoffe abhängig. Bezeichnet man die Konzentration eines Stoffes durch das Symbol in eckigen Klammern, so gilt etwa für die elektrolytische Dissoziation der Essigsäure, die gemäß der Gleichung: $CH_3COOH = CH_3COO^- + H^+$ erfolgt, der Ansatz:

$$\frac{[CH_3COO^-] \cdot [H^+]}{[CH_3COOH]} = K = 2 \cdot 10^{-5},$$

in Worten: Das Produkt der Konzentrationen der entstehenden Stoffe (hier der Ionen) dividiert durch die Konzentration des noch vorhandenen Ausgangsstoffes (hier der undissoziierten Essigsäure) ist eine Konstante, deren Zahlenwert experimentell oder auch rechnerisch bestimmt werden kann, und die bei unveränderten äußeren Bedingungen (Temperatur und Druck) stets gleich ist. Diese Konstante wird allgemein als „Gleichgewichtskonstante" bezeichnet; für spezielle Fälle werden auch andere Bezeichnungen benutzt, so für den angegebenen Fall „Dissoziationskonstante der Essigsäure". Diese Dissoziationskonstante ist ein exakteres Maß für die Stärke einer Säure als etwa die Ausdrücke „schwache" oder „starke" Säure (vgl. S. 11): je kleiner der Zahlenwert, desto schwächer ist die Säure.

In einer Lösung, die nur Essigsäure enthält, stellt sich gemäß der angegebenen Gleichung des Massenwirkungsgesetzes eine

---

[1] Unter „molarer Konzentration" versteht man die Anzahl der Mole eines gelösten Stoffes im Liter Lösung (vgl. dazu die „normale Konzentration" S. 83).

bestimmte, wenn auch nur geringe H^+-Konzentration ein. Erhöht man die Konzentration der Acetationen etwa durch Hinzugeben von Natriumacetat, so wird das bestehende Gleichgewicht gestört, ein Teil der H^+-Ionen muß mit den Acetationen zu undissoziierter Essigsäure zusammentreten bis das Gleichgewicht wieder erreicht ist. Das Ergebnis dieser theoretischen Überlegung entspricht dem beobachtbaren Ergebnis: Eine mit Natriumacetat versetzte Essigsäure besitzt eine geringere H^+-Konzentration als eine reine Essigsäure gleicher Konzentration.

In gleicher Weise lassen sich alle Versuche dieses Abschnitts sowie die folgenden theoretisch behandeln.

Die allgemeinste Formulierung des Massenwirkungsgesetzes für die Reaktion $a\,A + b\,B + \ldots = x\,X + y\,Y + \ldots$ lautet

$$\frac{[X]^x \cdot [Y]^y \cdot \ldots}{[A]^a \cdot [B]^b \cdot \ldots} = K$$

und gilt für alle homogenen Reaktionen, die sich im Gleichgewicht befinden, also nicht nur für den soeben behandelten Fall der elektrolytischen Dissoziation. Wegen der umfassenden Bedeutung und weiterer wichtiger Anwendungen muß auf ein Studium der Lehrbücher hingewiesen werden.

F. Lösungen und Umsetzungen in Lösungen.

Das wichtigste Lösungsmittel für anorganische Stoffe ist das Wasser. Es können sich feste, flüssige und gasförmige Stoffe in Wasser lösen. Die Löslichkeit ist von der Temperatur abhängig.

Gase sind in der Wärme weniger löslich als in der Kälte.

Versuch Nr. 60. Man erhitze Leitungswasser in einem Becherglase. Schon ehe das Wasser siedet (also unter 100°), tritt eine Gasentwicklung auf: die gelöste Luft entweicht.

Bei festen Stoffen unterscheidet man je nach dem Grade der Löslichkeit zwischen leicht löslichen und schwer löslichen Stoffen, so ist z. B. Magnesiumsulfat leicht, Bariumsulfat schwer löslich in Wasser.

Löst sich von einem Stoff nichts mehr auf, so spricht man von einer „gesättigten" Lösung, andernfalls nennt man die Lösung „ungesättigt". Im allgemeinen nimmt die Löslichkeit fester Stoffe mit der Temperatur zu. Dieses Verhalten benutzt man, um feste Stoffe zu reinigen („Umkristallisieren"). Man stellt eine in der Siedehitze gesättigte Lösung der betreffenden Substanz her; beim Abkühlen der Lösung scheidet sich dann der unter diesen Bedingungen nicht mehr lösliche Teil der Substanz aus.

Versuch Nr. 61. Einige Messerspitzen festes **Kaliumnitrat** werden im Reagensglas mit so wenig Wasser zum Sieden erhitzt, daß noch keine völlige Lösung eintritt. Dann füge man tropfenweise so viel Wasser hinzu, daß sich gerade alles auflöst. Beim Abkühlen der heißen Lösung kristallisiert das Kaliumnitrat wieder aus.

In vielen Fällen tritt beim Abkühlen einer in der Hitze gesättigten Lösung eine Verzögerung der Kristallabscheidung ein, die Lösung enthält dann mehr von dem festen Stoff gelöst, als eigentlich einer gesättigten Lösung bei dieser Temperatur entspricht. Die Lösung ist „übersättigt“. Der übersättigte Zustand der Lösung kann aufgehoben werden durch Hinzugeben eines Kriställchens des gleichen Stoffs oder durch Reiben mit einem Glasstab an der Wandung des Reagensglases (vgl. Vers. Nr. 109).

Die meisten Umsetzungen vollziehen sich in wäßriger Lösung und deshalb seien an dieser Stelle einige allgemeine Angaben über den Verlauf der Reaktionen in wäßriger Lösung gebracht.

1. Treffen in einer Lösung Ionen zusammen, die eine wenig dissoziierte Verbindung zu bilden vermögen, so verläuft die Reaktion derart, daß dieser wenig dissoziierte Stoff entsteht. So treten z. B. bei der Neutralisation die Wasserstoffionen der Säure und die Hydroxylionen der Base stets zu dem fast undissoziierten Wasser zusammen (vgl. Vers. Nr. 51 und S. 40).

$$H^+ + Cl^- + Na^+ + OH^- = Na^+ + Cl^- + H_2O.$$

2. Sind in einer Lösung Ionen vorhanden, die derart miteinander reagieren können, daß ein **schwer löslicher** oder **gasförmiger** Stoff entsteht, so verläuft die Reaktion in diesem Sinne. So entsteht z. B. beim Zusammentreffen von Barium- und Sulfationen stets schwer lösliches Bariumsulfat (vgl. Vers. Nr. 16).

$$2\,Na^+ + SO_4^{2-} + Ba^{2+} + 2\,Cl^- = BaSO_4\!\downarrow + 2\,Na^+ + 2\,Cl^-,$$

und beim Zusammentreffen von Wasserstoff- und Carbonationen stets Kohlensäure, die sofort in Wasser und Kohlendioxyd zerfällt (Ansäuern eines Carbonats, vgl. Vers. Nr. 22).

$$2\,Na^+ + CO_3^{2-} + 2\,H^+ + 2\,Cl^- = 2\,Na^+ + 2\,Cl^- + H_2O + CO_2\!\uparrow.$$

3. Ist bei einer Reaktion ein **schwer löslicher** Stoff entstanden, so läßt er sich häufig wieder durch chemische Einwirkung in Lösung bringen, wenn dabei — wie die folgenden Versuche zeigen — wenig dissoziierte oder gasförmige Produkte entstehen. Auch durch Bildung eines Komplexsalzes kann ein schwer löslicher Stoff sich auflösen (vgl. Vers. Nr. 71).

Versuch Nr. 62. Man versetze Bariumchlorid-lösung mit Natriumphosphat-lösung. Es fällt weißes, in Wasser schwer lösliches Bariumphosphat aus. Man filtriere den Niederschlag ab; auf Zusatz von Salzsäure löst er sich wieder auf.

$$BaCl_2 + Na_2HPO_4 = BaHPO_4{\downarrow} + 2\,NaCl;$$
$$BaHPO_4 + 2\,HCl = BaCl_2 + H_3PO_4.$$

Versuch Nr. 63. Man versetze Bariumchlorid-lösung mit Natriumcarbonat-lösung. Es fällt weißes, in Wasser schwer lösliches Bariumcarbonat aus. Man filtriere den Niederschlag ab; auf Zusatz von Salzsäure löst er sich unter Entwicklung von Kohlendioxyd wieder auf.

$$BaCl_2 + Na_2CO_3 = BaCO_3{\downarrow} + 2\,NaCl;$$
$$BaCO_3 + 2\,HCl = BaCl_2 + H_2O + CO_2{\uparrow}.$$

Versuch Nr. 64. Man versetze Bariumchlorid-lösung mit Natriumsulfat-lösung. Es fällt weißes, in Wasser unlösliches Bariumsulfat aus. Man filtriere den Niederschlag ab; auf Zusatz von Salzsäure tritt keine Auflösung ein.

$$BaCl_2 + Na_2SO_4 = BaSO_4{\downarrow} + 2\,NaCl.$$
(Die Reaktion: $BaSO_4 + 2\,HCl = BaCl_2 + H_2SO_4$ tritt nicht ein.)

Von den drei in Wasser unlöslichen Bariumsalzen (Phosphat, Carbonat, Sulfat) lösen sich nur das Phosphat und das Carbonat auf, da die Phosphorsäure weniger dissoziiert ist als die zum Lösen verwendete Salzsäure, bzw. da die entstehende Kohlensäure sofort in Wasser und Kohlendioxyd, das aus der Lösung entweicht, zerfällt.

G. Die hydrolytische Spaltung der Salze.

Versuch Nr. 65. Man prüfe folgende Salzlösungen mit Lackmuspapier auf ihre Reaktion:
  a) Natriumacetat-lösung; die Lösung reagiert alkalisch.
  b) Natriumcarbonat-lösung; die Lösung reagiert alkalisch.
  c) Ammoniumchlorid-lösung; die Lösung reagiert sauer.
  d) Aluminiumchlorid-lösung; die Lösung reagiert sauer.
  e) Natriumchlorid-lösung; die Lösung reagiert neutral.

Neutrale Salze reagieren in wäßriger Lösung also nicht immer neutral, sondern weisen bisweilen eine alkalische bzw. eine saure Reaktion auf.

Die Ursache für diese Erscheinung, die man als „Hydrolyse“ bezeichnet, liegt in einer mehr oder minder vollständigen Spaltung der Salze unter Mitbeteiligung der Ionen des Wassers. Das

Wasser ist nämlich elektrolytisch dissoziiert und bildet H^+- und OH^--Ionen:

$$H_2O = H^+ + OH^-.$$

Diese Dissoziation ist sehr gering. Da aber stets gleich viel Wasserstoff- und Hydroxylionen gebildet werden, zeigt das Wasser weder eine saure noch eine alkalische Reaktion, sondern reagiert neutral[1].

Wird nun z. B. Natriumacetat, $Na(CH_3COO)$, das Salz einer schwachen Säure und starken Base in Wasser gelöst, so dissoziiert es im Sinne der Gleichung:

$$Na(CH_3COO) = CH_3COO^- + Na^+,$$

und die Säurerestionen treten teilweise mit den Wasserstoffionen des Wassers zu der wenig dissoziierten Essigsäure (CH_3COOH) zusammen; die Lösung enthält jetzt nicht mehr gleich viel Wasserstoff- und Hydroxylionen, es überwiegen vielmehr die Hydroxylionen, und sie reagiert daher alkalisch.

$$CH_3COO^- + Na^+ + H^+ + OH^- = CH_3COOH + Na^+ + OH^-.$$

Beim Natriumcarbonat tritt eine Wechselwirkung der H^+-Ionen des Wassers mit den Carbonat-Ionen ein, nur bildet sich in diesem Falle nicht die freie Kohlensäure, sondern die Reaktion bleibt im Falle des Natrium-Salzes auf der ersten Stufe, also beim Hydrogencarbonat-ion stehen:

$$CO_3^{2-} + 2\,Na^+ + H^+ + OH^- = HCO_3^- + 2\,Na^+ + OH^-.$$

Die Lösung reagiert also ebenfalls alkalisch.

In entsprechender Weise wird in der wäßrigen Lösung des Ammoniumchlorids, dem Salz einer starken Säure und schwachen Base, die wenig dissoziierte Base, in diesem Falle NH_3, und H_2O, gebildet, und die Lösung reagiert sauer.

$$NH_4^+ + Cl^- + H^+ + OH^- = NH_3 + H_2O + Cl + H^+.$$

---

[1] Die Wasserstoffionen-konzentration im Wasser ist gleich der Hydroxylionen-konzentration und beträgt 10^{-7}, d. h. in 1 Liter Wasser sind $\dfrac{1}{10000000}$ g Wasserstoff- und $\dfrac{17}{10000000}$ g Hydroxylionen vorhanden. (Unter „Konzentration" ist die molare Konzentration zu verstehen, vgl. Anm. S. 36).

Statt der Wasserstoffionen-konzentration gibt man meist den negativen Logarithmus derselben an („Wasserstoffexponent", p_H). Der p_H-Wert des Wassers ist hiernach 7, und da das Wasser neutral reagiert, bedeutet ein $p_H = 7$ ganz allgemein neutrale Reaktion. Ein p_H-Wert kleiner als 7 bedeutet, daß in einer Lösung mehr Wasserstoff- als Hydroxylionen vorhanden sind, daß die Lösung also sauer reagiert. Ein p_H-Wert größer als 7 bedeutet, daß eine Lösung mehr Hydroxyl- als Wasserstoffionen enthält, und daß sie alkalisch reagiert.

Bei einer Aluminiumchlorid-lösung führt die Hydrolyse nicht immer bis zur Bildung des unlöslichen Aluminium-hydroxyds, sondern es können sich bei den mehrsäurigen Basen Zwischenstufen bilden:

$$Al^{3+} + 3\,Cl^- + \quad H^+ + OH^- = Al(OH)^{2+} + 3\,Cl^- + H^+$$

bzw. $\quad Al^{3+} + 3\,Cl^- + 2\,H^+ + 2\,OH^- = Al(OH)_2{}^+ + 3\,Cl^- + 2\,H^+.$

Die Lösung reagiert in jedem Falle **sauer**. Zur Bildung des unlöslichen Aluminium-hydroxyds kommt es erst, wenn auch die Säure schwach ist (vgl. Vers. Nr. 66, 67 und 69).

Die wäßrigen Lösungen der Salze **starker Säuren** und **starker Basen** (z. B. Natriumchlorid) reagieren neutral, da hier weder die Wasserstoff- noch die Hydroxylionen des Wassers zur Bildung einer wenig dissoziierten Säure bzw. Base verbraucht werden können.

Die Hydrolyse ist **formal** die Umkehrung des Neutralisationsvorganges, also praktisch gesehen die teilweise oder vollständige Zerlegung eines Salzes durch Wasser in Säure und Base.

$$\text{MeX} + H_2O \; \underset{\text{Neutralisation}}{\overset{\text{Hydrolyse}}{\rightleftharpoons}} \; \text{Me(OH)} + \text{HX};$$

$$\text{Salz} + \text{Wasser} \; \rightleftharpoons \; \text{Base} + \text{Säure}.$$

Sie ist streng zu unterscheiden von der Dissoziation der Elektrolyte in wäßriger Lösung. Bei der **Hydrolyse** beteiligt sich das Wasser mit seinen Ionen **aktiv** an der Reaktion, bei der **elektrolytischen Dissoziation** liegt keine chemische Reaktion der Elektrolyte mit dem Wasser vor, das Wasser dient nur als **Lösungsmittel**.

Kann bei der Hydrolyse von Salzen schwacher Säuren und schwacher Basen ein gasförmiger oder schwer löslicher Stoff entstehen, so ist die Möglichkeit gegeben, daß ein Salz vollständig hydrolytisch gespalten wird. Manche Salze sind daher in wäßriger Lösung überhaupt nicht beständig.

Versuch Nr. 66. Man versetze eine Lösung von **Aluminiumsulfat** mit wenig **Natriumcarbonat**-lösung. Es fällt **Aluminiumhydroxyd** aus und **Kohlendioxyd** entweicht.

$$Al_2(SO_4)_3 + 3\,Na_2CO_3 + 3\,H_2O =$$
$$2\,Al(OH)_3\!\downarrow + 3\,Na_2SO_4 + 3\,CO_2\!\uparrow.$$

Zunächst kann die Bildung von Aluminiumcarbonat durch doppelte Umsetzung angenommen werden:

$$Al_2(SO_4)_3 + 3\,Na_2CO_3 = \{Al_2(CO_3)_3\} + 3\,Na_2SO_4.$$

Als Salz einer schwachen Base, $Al(OH)_3$, und einer schwachen Säure, H_2CO_3, wird das Aluminiumcarbonat hydrolytisch gespalten. Da ein gasförmiges und ein schwer lösliches Produkt entstehen, ist die Hydrolyse vollständig.

$$\{Al_2(CO_3)_3\} + 3\ H_2O = 2\ Al(OH)_3\!\downarrow + 3\ CO_2\!\uparrow.$$

Genau wie Aluminiumsalz-lösungen verhalten sich Eisen(III)- und Chrom(III)-salz-lösungen, wenn sie mit Natriumcarbonatlösung versetzt werden. Das intermediär entstehende Eisen(III)- bzw. Chrom(III)-carbonat wird hydrolytisch in Eisen(III)- bzw. Chrom(III)-hydroxyd und Kohlendioxyd gespalten.

Versuch Nr. 67. Man versetze eine Lösung von Aluminiumsulfat mit Ammoniumsulfid-lösung. Es fällt Aluminiumhydroxyd aus und Schwefelwasserstoff wird frei.

$$Al_2(SO_4)_3 + 3\ (NH_4)_2S + 6\ H_2O =$$
$$2\ Al(OH)_3\!\downarrow + 3\ (NH_4)_2SO_4 + 3\ H_2S\!\uparrow.$$

Zunächst kann die Bildung von Aluminiumsulfid durch doppelte Umsetzung angenommen werden:

$$Al_2(SO_4) + 3\ (NH_4)_2S = \{Al_2S_3\} + 3\ (NH_4)_2SO_4.$$

Da beim Aluminiumsulfid dieselben Verhältnisse vorliegen wie beim Aluminiumcarbonat, wird es ebenfalls vollständig hydrolytisch gespalten.

$$\{Al_2S_3\} + 6\ H_2O = 2\ Al(OH)_3\!\downarrow + 3\ H_2S\!\uparrow.$$

Genau wie Aluminiumsalz-lösungen verhalten sich Chrom(III)-salz-lösungen, wenn sie mit Ammoniumsulfid versetzt werden. Das intermediär entstehende Chrom(III)-sulfid wird hydrolytisch in Chrom(III)-hydroxyd und Schwefelwasserstoff gespalten.

Über das abweichende Verhalten der Eisen(III)-salze gegenüber Ammoniumsulfid vgl. Vers. Nr. 131.

Versuch Nr. 68. Man versetze Antimon(III)-chlorid-lösung mit viel Wasser. Das Antimon(III)-chlorid wird weitgehend hydrolytisch gespalten, und es entsteht ein weißer Niederschlag von Antimonylchlorid.

$$SbCl_3 + H_2O = (SbO)Cl\!\downarrow + 2\ HCl.$$

Die Hydrolyse führt zunächst zur Bildung eines basischen Salzes, $Sb(OH)_2Cl$, das dann unter Wasserabspaltung in Antimonylchlorid (vgl. S. 32) übergeht.

Die Wismut(III)-salze verhalten sich ebenso wie die Antimon(III)-salze und werden beim Verdünnen mit Wasser zu $(BiO)X$ hydrolysiert.

Versuch Nr. 69. Man versetze Eisen(III)-chlorid-lösung mit viel Natriumacetat-lösung; die Lösung färbt sich blutrot. Die Farbe rührt von einem durch teilweise Hydrolyse entstandenen, basischen Eisenacetat-ion $[Fe_3(CH_3COO)_6(OH)_2]^+$ her. Kocht man die klare Lösung, so tritt vollständige hydrolytische Spaltung ein, und es fällt Eisen(III)-hydroxyd, $Fe(OH)_3$, bzw. basisches Eisen(III)-acetat, $Fe(OH)_2(CH_3COO)$, aus.

Wie das Eisen(III)-acetat hydrolysiert auch das Aluminiumacetat beim Kochen vollständig, und es fällt Aluminiumhydroxyd bzw. basisches Aluminiumacetat aus.

Die Hydrolyse nimmt beim Kochen stets stark zu, da die Dissoziation des Wassers mit steigender Temperatur stark zunimmt.

H. Doppelsalze und Komplexsalze.

Zwei Salze können in zweifacher Weise zu einem neuen einheitlichen Salz zusammentreten. Verhält sich das entstehende Salz in wäßriger Lösung genau wie die einzelnen Salze, d. h. liefert es dieselben Ionen wie diese, so bezeichnet man es als „Doppelsalz"; treten jedoch neue Ionen auf, so wird es als „Komplexsalz" bezeichnet.

1. Ein „Doppelsalz" liegt z. B. im „Alaun" vor, der aus einer Lösung von Kalium- und Aluminiumsulfat in Oktaedern auskristallisiert.

$$K_2SO_4 + Al_2(SO_4)_3 + 24\,H_2O = K_2Al_2(SO_4)_4 . 24\,H_2O =$$
$$2\,KAl\,(SO_4)_2 . 12\,H_2O \quad (Kaliumaluminiumsulfat = \text{„Alaun"}).$$

Löst man ein Doppelsalz in Wasser auf, so zerfällt es wieder in die einzelnen Salze, z. B.:

$$2\,KAl(SO_4)_2 . 12\,H_2O \rightarrow K_2SO_4 + Al_2(SO_4)_3,$$

die nun ihrerseits in Ionen gespalten werden.

Eine wäßrige Lösung von Alaun gibt daher die Reaktionen auf Kalium-, Aluminium- und Sulfationen.

Versuch Nr. 70. Man bringe in drei Reagensgläser je etwas Alaun-lösung und füge zum ersten etwas Perchlorsäure-lösung $(HClO_4)$, zum zweiten etwas Ammoniak-lösung und zum dritten etwas Salzsäure und Bariumchlorid-lösung hinzu. Es entstehen Fällungen von Kaliumperchlorat, Aluminiumhydroxyd und Bariumsulfat (s. Vers. Nr. 102, 121, 16).

2. Ein „Komplexsalz" entsteht wie ein Doppelsalz durch das Zusammentreten von zwei einzelnen Salzen.

Versuch Nr. 71. Man versetze 2—3 Tropfen (nicht mehr) einer frisch bereiteten Eisen(II)-sulfat-lösung tropfenweise mit

Kaliumcyanid-lösung[1]. Das zuerst ausfallende rotbraune Eisen(II)-cyanid löst sich im Überschuß von Kaliumcyanid (viel KCN! vgl. Reaktionsgleichung!) beim anhaltenden Kochen zu dem komplexen Kaliumhexacyanoferrat(II) („gelbes Blutlaugensalz") auf.

$$FeSO_4 + 2\ KCN = K_2SO_4 + Fe(CN)_2{\downarrow},$$
$$Fe(CN)_2 + 4\ KCN = K_4[Fe(CN)_6].$$

Löst man ein Komplexsalz in Wasser auf, so zerfällt es — im Gegensatz zu den Doppelsalzen — nicht in dieselben Ionen wie die ursprünglichen Salze, sondern es treten neue Ionen auf, die durch Zusammenlagerung von Ionen der ursprünglichen Salze zu komplexen Ionen entstanden sind. Infolgedessen geben komplexe Salze nicht die Umsetzungen, die die ursprünglichen Salze zeigen.

So zerfällt z. B. das $K_4[Fe(CN)_6]$ in wäßriger Lösung nicht in Kalium-, Eisen- und Cyanionen, sondern in Kaliumionen und das neue Ion[2] $[Fe(CN)_6]^{4-}$:

$$K_4[Fe(CN)_4] = 4\ K^+ + [Fe(CN)_6]^{4-}.$$

Demgemäß gibt die wäßrige Lösung von Kaliumhexacyanoferrat(II) nur die Reakionen auf das Kaliumion und das Komplexion. Die Reaktionen auf das Eisen- und Cyanion bleiben aus.

Versuch Nr. 72. Man füge zu einer Lösung von Kaliumhexacyanoferrat(II) etwas Ammoniumsulfid hinzu. Es fällt kein Eisen(II)-sulfid aus.

Nicht immer ist das komplexe Ion so fest zusammengefügt wie im Falle des komplexen Eisencyanids („ideale Komplexsalze"). Vielfach tritt ein sekundärer Zerfall des Komplexions in Einzelionen ein.

Über die Bildung von komplexen Salzen sind schon einige Versuche im Abschnitt „Basen" ausgeführt.

In Versuch Nr. 49 wurden die Hydroxydfällungen von Zink-, Aluminium-, Chrom(III)-, Blei- und Zinn(II)-salzen durch Hinzufügen von Natronlauge im Überschuß wieder aufgelöst.

---

[1] Äußerste Vorsicht! Cyanide, bzw. die aus ihnen mit Säuren entstehende Blausäure, sind starke Gifte! Nach dem Versuch Gläser sofort mit Wasser säubern und Hände waschen!

[2] Ganz allgemein wird das komplexe Ion in eckige Klammern gesetzt. Die Bezeichnung der komplex gebundenen Gruppen — außer Ammoniak — geschieht durch die Endsilbe -o, ihre Anzahl durch griechische Zahlwörter; das komplexe Ammoniak wird als „Ammin" bezeichnet. Die Ladung des Komplexes errechnet sich als Summe der Ladungen der einzelnen Ionen, aus denen es aufgebaut ist, so etwa $[Fe^{II}(CN)_6]^{4-}$: $2\ (+) + 6\ (-) = 4\ (-)$.

$$Zn(OH)_2 + NaOH = Na[Zn(OH)_3], \text{ Natriumzinkat,}$$
$$Al(OH)_3 + NaOH = Na[Al(OH)_4], \text{ Natriumaluminat,}$$
$$Cr(OH)_3 + 3\,NaOH = Na_3[Cr(OH)_6], \text{ Natriumchromit,}$$
$$Pb(OH)_2 + NaOH = Na[Pb(OH)_3], \text{ Natriumplumbit,}$$
$$Sn(OH)_2 + NaOH = Na[Sn(OH)_3], \text{ Natriumstannit.}$$

Wie die Reaktionsgleichungen zeigen, entstehen bei dem Auflösen der Hydroxyde mit Natronlauge Natriumsalze von Säuren, in denen das Metall mit einigen Hydroxylionen zu einem Säurerest zusammengetreten ist. Diese neuen Anionen entsprechen dem Anion des gelben Blutlaugensalzes, bei dem das Metallion (Fe^{II}) mit Cyanid-ionen ein komplexes Anion bildet; in beiden Fällen wird der komplexe Aufbau durch eckige Klammern zum Ausdruck gebracht. Salze dieser Säuren werden als „Hydroxosalze" bezeichnet, also beispielsweise: Natriumtrihydroxozinkat oder Natriumhexahydroxochromit, exakter: Natriumhexahydrochroxomat(III).

Das besondere Verhalten dieser Hydroxyde — nämlich sowohl mit Säuren als auch mit Basen Salze zu bilden — bezeichnet man als „amphoter" („nach beiden Seiten neigend"): Beim Lösen der Hydroxyde durch Säuren bilden sich Salze, in denen das Metall als Kation auftritt, während beim Lösen durch Basen Salze entstehen, bei denen das Metall im Anion steht.

Im Versuch Nr. 50 wurden die Hydroxyde von Kupfer und Zink mit Ammoniak im Überschuß wieder aufgelöst.

$$Cu(OH)_2 + 4\,NH_3 = 2\,OH^- + [Cu(NH_3)_4]^{2+}, \text{ Tetramminkupferion}$$
$$Zn(OH)_2 + 4\,NH_3 = 2\,OH^- + [Zn(NH_3)_4]^{2+}, \text{ Tetramminzinkion.}$$

Auch bei dieser Reaktion bilden sich komplexe Ionen, aber von anderer Art. Das Kupferion beispielsweise lagert vier neutrale Ammoniakmoleküle an und bildet ein neues Ion, aber ein komplexes Kation, das als Tetraminkupferion bezeichnet wird.

Bei dieser Reaktion zeigt sich die Doppelnatur der Ammoniaklösung (vgl. Anm. S. 20), nämlich daß neben physikalisch gelöstem Ammoniak ein Bruchteil unter Bildung von NH^+_4-Ionen reagiert hat, wobei eine äquivalente Menge von Hydroxylionen in der Lösung gebildet ist. Gibt man, wie im Versuch geschehen, zu einer Kupfersalz-lösung wenig Ammoniaklösung, so wirkt diese zunächst nur als Base und fällt das Kupferhydroxyd aus. Durch weiteres Hinzufügen von Ammoniak bildet sich der sehr wenig dissoziierte Tetrammin-komplex aus, wodurch die Auflösung des gefällten Hydroxyds bewirkt wird (vgl. das über den Verlauf von Reaktionen in wässerigen Lösungen unter 3. Gesagte, S. 38).

Auch dieses komplexe Ion schreibt man in eckige Klammern; die bei der Reaktion entstandenen Kationen können natürlich

Salze bilden, also etwa [Cu(NH$_3$)$_4$]SO$_4$, Tetramminkupfer-sulfat.

Komplexe Salze entstehen also nicht nur durch Zusammentreten zweier Salze, sondern auch durch Anlagerung von Neutralteilen an Salze, z. B. [Cu(NH$_3$)$_4$]SO$_4$. Allgemein gilt:

Komplexe Verbindungen entstehen durch Zusammentreten von einfachen Molekülen (deshalb auch als „Verbindungen höherer Art" bezeichnet). In wässeriger Lösung bilden sie neuartige Ionen („Komplexe Ionen"), bei denen die spezifischen Reaktionen der einzelnen Bestandteile — ganz oder teilweise — ausbleiben.

Konsequenterweise gehören auch die sauerstoffhaltigen Säuren zu dieser Gruppe: Die Schwefelsäure z. B. entsteht durch Zusammentreten von SO$_3$ und H$_2$O; sie bildet in wässeriger Lösung das Sulfation, das bei rein elektrochemischer Deutung der Bindung als ein Tetraoxosulfation, [S^{6+}O$_4^{2-}$]$^{2-}$, aufgefaßt werden kann, eine Auffassung, die sich besonders für die Deutung von Oxydations-Reduktions-vorgängen bewährt.

I. Elektroaffinität.

Die Neigung der Metalle, aus dem elementaren Zustand in Ionen überzugehen, ist verschieden groß.

Versuch Nr. 73. Man bringe ein Stückchen Zink in eine Kupfersulfat-lösung. Es scheidet sich auf dem Zink metallisches Kupfer ab, und Zink geht in Lösung.

$$Cu^{2+} + Zn = Zn^{2+} + Cu\!\downarrow.$$

Versuch Nr. 74. Man bringe eine blanke Kupfermünze in eine Quecksilber(II)-chlorid-lösung. Es scheidet sich auf dem Kupfer graues Quecksilber in kleinen Tröpfchen ab, die beim Verreiben Metallglanz annehmen, und Kupfer geht in Lösung.

$$Hg^{2+} + Cu = Cu^{2+} + Hg\!\downarrow.$$

Das elementare Zink hat eine größere Neigung, elektrische Ladung aufzunehmen und somit als Kation in Lösung zu gehen als das Kupfer, das Zink besitzt eine größere „Elektroaffinität" als das Kupfer. Das Kupfer wiederum besitzt eine größere Elektroaffinität als das Quecksilber. Ordnet man die Metalle entsprechend ihrer Elektroaffinität derart, daß das nachfolgende Metall schwächer elektroaffin ist als das vorangehende, so erhält man für die wichtigsten Vertreter folgende Reihe („Spannungsreihe"):

K, Na, Ba, Ca, Mg, Al, Zn, Fe, Pb, H, Cu, Hg, Ag, Au.

Kommt ein Metall mit den Ionen eines der in der Spannungsreihe rechts von ihm stehenden Metalle zusammen, so entzieht es diesen die Ladung; es wird selbst zum Ion, während das ursprüngliche Ion als Metall abgeschieden wird.

In die Spannungsreihe wird auch der Wasserstoff eingeordnet. Die Metalle, die links von ihm stehen, machen aus Säuren Wasserstoff frei („unedle" Metalle), z. B. $Fe + 2 H^+ = Fe^{2+} + H_2$, während die rechts vom Wasserstoff stehenden Metalle („edle" Metalle) nicht dazu befähigt sind.

Auch bei den Ionen der Nichtmetalle, den Anionen, ist die Haftfestigkeit der elektrischen Ladung verschieden groß.

Versuch Nr. 75. Man versetze Kaliumjodid-lösung mit einem Tropfen Brom-wasser. Es scheidet sich elementares Jod aus, das sich in einigen hinzugefügten Tropfen Chloroform mit violetter Farbe löst.

$$2 J^- + Br_2 = 2 Br^- + J_2\downarrow.$$

Versuch Nr. 76. Man versetze Kaliumbromid-lösung mit frisch bereitetem Chlor-wasser. Es scheidet sich elementares Brom aus, das sich in einigen hinzugefügten Tropfen Chloroform mit brauner Farbe löst.

$$2 Br^- + Cl_2 = 2 Cl^- + Br_2\downarrow.$$

Versuch Nr. 77. Man versetze Schwefelwasserstoff-wasser mit einigen Tropfen Jod-lösung. Die braune Jod-lösung wird entfärbt, und es scheidet sich fein verteilter Schwefel aus.

$$S^{2-} + J_2 = 2 J^- + S\downarrow.$$

Das elementare Chlor hat eine größere Neigung, eine elektrische Ladung aufzunehmen und somit in den Ionenzustand überzugehen als das Brom und das Jod. Das Brom wiederum besitzt eine größere Elektroaffinität als das Jod. Noch schwächer elektroaffin als die Halogene erweist sich der Schwefel, dem durch Jod seine Ladung entrissen wird.

Ordnet man die besprochenen Nichtmetalle entsprechend ihrer Elektroaffinität derart, daß das nachfolgende Nichtmetall schwächer elektroaffin ist als das vorangehende, so erhält man folgende Reihe:

Cl, Br, J, S.

K. Oxydation und Reduktion.

1. Unter Oxydation versteht man einerseits die Aufnahme von Sauerstoff, z. B. $Cu + O = CuO$, und andererseits die Entziehung von Wasserstoff, z. B. $2 HJ + O = H_2O + J_2$.

Stoffe, welche die Oxydation bewirken, bezeichnet man als **Oxydationsmittel**.

2. **Die Reduktion** ist der der Oxydation entgegengesetzte Vorgang. Man versteht darunter einerseits die **Entziehung von Sauerstoff**, z. B. $HgO = Hg + O$, und andererseits die **Aufnahme von Wasserstoff**, z. B. $J_2 + H_2 = 2\,HJ$.

Stoffe, welche die Reduktion bewirken, bezeichnet man als **Reduktionsmittel**.

3. **Jeder Oxydationsvorgang ist mit einem Reduktionsvorgang verknüpft.** Wirkt nämlich ein Stoff als Oxydationsmittel, so wird er selbst reduziert; wirkt ein Stoff als Reduktionsmittel, so wird er selbst oxydiert. Ob man eine Reaktion nun einen Oxydations- oder Reduktionsvorgang nennt, hängt also nur davon ab, von welchem Stoff aus man dieselbe betrachtet; deshalb werden Oxydations- und Reduktionsvorgänge zusammenfassend auch als „**Redox-reaktionen**" bezeichnet.

4. **Wird bei einer Reaktion derselbe Stoff zu einem Teil oxydiert und zum anderen Teil reduziert**, oder anders ausgedrückt, geht ein Element von einer mittleren Wertigkeitsstufe teilweise in eine höhere und teilweise in eine niedere Wertigkeit über, so spricht man von „**Disproportionierung**" oder „**Oxydoreduktion**". Als Beispiel sei die Reaktion von Chlor mit Natronlauge (vgl. Vers. Nr. 11) angeführt, bei der das zunächst nullwertige Chlor in —1- und +1-wertiges Chlor übergeht:

$$\overset{\pm 0}{Cl_2} + 2\,OH^- = Cl^- + ClO^- + H_2O.$$

(Andere Beispiele vgl. Vers. Nr. 146, 156 und S. 106).

5. Es gibt aber auch Stoffe, die sowohl als Oxydationsmittel wie auch als Reduktionsmittel wirken können, je nachdem, ob sie mit einem leicht oxydierbaren Stoff oder mit einem starken Oxydationsmittel zur Reaktion gebracht werden.

6. Viele chemische Reaktionen müssen als Redox-reaktionen aufgefaßt werden, ohne daß Sauerstoff oder Wasserstoff an ihnen beteiligt sind. Man kann eine Oxydation nämlich auch als einen chemischen Vorgang beschreiben, bei dem der oxydierte Stoff eine höhere positive Wertigkeit annimmt oder bei dem der zu oxydierende Stoff negative Ladungen an das Oxydationsmittel abgibt. Eine Reduktion ist der umgekehrte Vorgang.

Den Redox-reaktionen gemeinsam ist also der Übergang von negativen Elektronen. Dabei erfolgt bei einer **Oxydation** der Übergang der Elektronen von dem zu oxydierenden Stoff an das Oxydationsmittel ($=$ Verminderung der Elektronen des oxydierten Bestandteiles). Bei einer **Reduktion** erfolgt der Übergang der

Elektronen vom Reduktionsmittel an den zu reduzierenden Stoff (= Erhöhung der Elektronen beim reduzierten Bestandteil).

Da die Zahl der entstehenden und verschwindenden Ladungen stets gleich sein muß, kann man mit Hilfe dieser Definitionen sehr einfach Redoxgleichungen aufstellen oder ihre Richtigkeit kontrollieren, besonders wenn man sich alle Verbindungen als aus Ionen aufgebaut denkt. Im folgenden werden bei den Atomen, deren Oxydationszustand sich ändert, die Ladungen bei den Gleichungen hinzugefügt, ohne daß damit etwa ein Aufbau aus Ionen („Heteropolare oder Ionen-Bindung") behauptet werden soll.

Über einige Oxydationsmittel.

A. Sauerstoff der Luft.

Versuch Nr. 78. Man entzünde ein Stückchen Magnesiumband. Unter glänzender Lichterscheinung verbrennt es zu weißem Magnesiumoxyd.

$$2 \overset{\pm 0}{Mg} + \overset{\pm 0}{O_2} = 2 \overset{2+2-}{MgO}.$$

Bei allen Verbrennungen wird Sauerstoff aufgenommen; alle Verbrennungen sind Oxydationsreaktionen.

Versuch Nr. 79. Man löse etwas Eisen(II)-sulfat in Wasser auf und versetze die Lösung mit Natronlauge. Es fällt grünlichweißes Eisen(II)-hydroxyd aus. Beim Stehen an der Luft, schneller beim Schütteln, wird das Eisen(II)-hydroxyd zu braunem Eisen(III)-hydroxyd oxydiert.

$$4 \overset{2+}{Fe(OH)_2} + 2 H_2O + \overset{\pm 0}{O_2} = 4 \overset{3+\ 2-}{Fe(OH)_3}.$$

B. Stoffe, die Sauerstoff abgeben können.

Salpetersäure.

Wirkt Salpetersäure als Oxydationsmittel, so reagiert sie meistens gemäß der Gleichung:

$$2 HNO_3 = H_2O + 3 NO + 3 O.$$

Salpetersäure gibt ihren Sauerstoff ab, indem sie zu farblosem Stickstoffoxyd reduziert wird. Das Stickstoffoxyd geht aber an der Luft sofort in das braune Stickstoffdioxyd (vgl. S. 21) über.

Versuch Nr. 80. Man löse etwas Natriumsulfit (Na_2SO_3) in Wasser auf, säuere mit etwas konzentrierter Salzsäure an und füge Bariumchlorid-lösung in ausreichender Menge hinzu. — Ist die Natriumsulfitlösung frei von SO_4-Ionen, so bleibt sie völlig klar, da das Bariumsulfit im Gegensatz zum Bariumsulfat in

Säuren löslich ist. Sollte ein Niederschlag von Bariumsulfat entstehen, so erwärme man die Lösung, filtriere sie durch ein doppeltes Filter und benutze die eine Hälfte des klaren Filtrats; den Rest bewahre man für den Versuch Nr. 81 auf. — Zu der klaren Lösung gebe man nun einige Tropfen konzentrierte Salpetersäure und erwärme. Es tritt eine Fällung von Bariumsulfat ein, da das Sulfit durch die Salpetersäure zu Sulfat oxydiert wird.

$$2\,HNO_3 = H_2O + 2\,NO\!\uparrow + 3\,\{O\}$$
$$3\,Na_2SO_3 + 3\,\{O\} = 3\,Na_2SO_4$$
$$\overset{5+}{2\,HNO_3} + \overset{4+}{3\,Na_2SO_3} = H_2O + \overset{2+}{2\,NO\!\uparrow} + \overset{6+}{3\,Na_2SO_4};$$
$$Na_2SO_4 + BaCl_2 = BaSO_4\!\downarrow + 2\,NaCl.$$

C. Stoffe, die Wasserstoff aufnehmen können.
Chlor und die anderen Halogene.

Wirkt Chlor als Oxydationsmittel, so geht es unter Aufnahme von Wasserstoff in Chlorwasserstoff über.

Versuch Nr. 81. Mit der zweiten Hälfte des Filtrats vom Versuch Nr. 80 wiederhole man diesen Versuch mit der Abänderung, daß man statt Salpetersäure Chlor-wasser zu der klaren Sulfit-lösung hinzufügt. Das Chlor oxydiert das Sulfit zum Sulfat.

$$Cl_2 + H_2O = 2\,HCl + \{O\}$$
$$Na_2SO_3 + \{O\} = Na_2SO_4$$
$$\overset{4+}{Na_2SO_3} + H_2O + \overset{\pm 0}{Cl_2} = \overset{6+}{Na_2SO_4} + \overset{1-}{2\,HCl};$$
$$Na_2SO_4 + BaCl_2 = BaSO_4\!\downarrow + 2\,NaCl.$$

Versuch Nr. 82. Man versetze Kaliumjodid-lösung mit einigen Tropfen Salzsäure und Chlor-wasser. Das Chlor oxydiert den entstandenen Jodwasserstoff zu freiem Jod, und die Lösung färbt sich braun.

$$KJ + HCl = HJ + KCl,$$
$$\overset{-1}{2\,HJ} + \overset{\pm 0}{Cl_2} = \overset{-1}{2\,HCl} + \overset{\pm 0}{J_2}\!\downarrow.$$

Über einige Reduktionsmittel.

A. Wasserstoff.

Gewöhnlicher Wasserstoff wirkt im allgemeinen nur bei höherer Temperatur reduzierend. Leitet man z. B. Wasserstoff über glühendes Kupferoxyd, so wird dasselbe zu metallischem Kupfer reduziert, während der Wasserstoff zu Wasser oxydiert wird.

$$\overset{2+}{CuO} + \overset{\pm 0}{H_2} = \overset{\pm 0}{Cu} + \overset{1+}{H_2O}.$$

Viel energischer wirkt der Wasserstoff, wenn er bei Gegenwart des zu reduzierenden Stoffes entwickelt wird, z. B. aus Eisen oder Zink und Salzsäure bzw. aus Zink und Natronlauge. Hierbei entstehen zunächst Wasserstoffatome, die ein stärkeres Reduktionsvermögen besitzen als der gewöhnliche Wasserstoff, der aus Wasserstoffmolekülen besteht. Diesen besonders reaktionsfähigen Wasserstoff bezeichnet man als „entstehenden" oder „naszierenden" Wasserstoff, bzw. als Wasserstoff „in statu nascendi".

Wirkt bei einer Reduktion naszierender Wasserstoff, also atomarer Wasserstoff, als Reduktionsmittel, so bringt man dieses beim Aufstellen der Reaktionsgleichung dadurch zum Ausdruck, daß man schreibt H, 2 H, 3 H usw., während man H_2, 2 H_2, 3 H_2 usw. schreibt, wenn gewöhnlicher Wasserstoff, also molekularer Wasserstoff, zur Reaktion gelangt.

Versuch Nr. 83. Ein Tropfen der gelben, polysulfidhaltigen Ammoniumsulfid-lösung wird mit einigen Kubikzentimetern Wasser und einem Kubikzentimeter konzentrierter Salzsäure versetzt. Es scheidet sich Schwefel in fein verteilter Form aus (vgl. S. 24). Bringt man in die salzsaure Lösung ein Stückchen metallisches Zink, so reduziert der entstehende Wasserstoff den ausgeschiedenen Schwefel zu Schwefelwasserstoff, und nach einiger Zeit ist eine klare Lösung entstanden.

$$S + 2 H = H_2S\uparrow.$$

Versuch Nr. 84. Man versetze Eisen(III)-chlorid-lösung mit einigen Kubikzentimetern Salzsäure und Eisenpulver, erwärme einige Zeit und filtriere. Es entsteht Eisen(II)-chlorid. — Natronlauge fällt aus der Eisen(II)-chlorid-lösung einen grünlich-weißen Niederschlag von Eisen(II)-hydroxyd, während die ursprüngliche Eisen(III)-chlorid-lösung mit Natronlauge eine braune Fällung von Eisen(III)-hydroxyd ergibt.

$$Fe + 2 HCl = FeCl_2 + 2 \{H\},$$
$$\underline{2 FeCl_3 + 2 \{H\} = 2 FeCl_2 + 2 HCl}$$
$$Fe + 2 FeCl_3 = 3 FeCl_2$$

Versuch Nr. 85. Man versetze Natriumnitrat-lösung mit einer Messerspitze Zinkstaub und einigen Kubikzentimetern Natronlauge. Beim Erhitzen entsteht Ammoniak, das durch den Geruch erkannt werden kann. Ein angefeuchteter Streifen rotes Lackmuspapier wird durch die Ammoniakdämpfe gebläut.

$$Zn + NaOH + 2 H_2O = Na[Zn(OH)_3] + 2 \{H\},$$
$$NaNO_3 + 8 \{H\} = NH_3\uparrow + 2 H_2O + NaOH.$$

Würde man bei den Versuchen Nr. 83, Nr. 84 und Nr. 85 statt des naszierenden Wasserstoffs gewöhnlichen Wasserstoff verwenden (z. B. Wasserstoff aus einem Kippschen Apparat oder einer Wasserstoffbombe), so würde keine Reduktion eintreten.

B. Stoffe, die Wasserstoff abgeben können.

Schwefelwasserstoff.

Die Reduktionswirkung des Schwefelwasserstoffs beruht darauf, daß er im Sinne der folgenden Gleichung Wasserstoff abgeben kann, wobei elementarer Schwefel frei wird.

$$H_2S = S + 2\,H.$$

Versuch Nr. 86. Man versetze Eisen(III)-chlorid-lösung mit einigen Tropfen Salzsäure und Schwefelwasserstoffwasser. Das Eisen(III)-chlorid wird zu Eisen(II)-chlorid reduziert, und es scheidet sich allmählich fein verteilter Schwefel aus.

$$H_2S = S{\downarrow} + 2\,\{H\}$$
$$2\,FeCl_3 + 2\,\{H\} = 2\,FeCl_2 + HCl$$
$$\overset{3+}{2\,FeCl_3} + \overset{2-}{H_2S} = \overset{\pm0}{S{\downarrow}} + \overset{2+}{2\,FeCl_2} + 2\,HCl.$$

Versuch Nr. 87. Man versetze Jod-lösung mit Schwefelwasserstoff-wasser. Das Jod wird zu Jodwasserstoff reduziert. Die braune Lösung wird farblos, und es scheidet sich fein verteilter Schwefel aus.

$$H_2S = S{\downarrow} + 2\,\{H\}$$
$$J_2 + 2\,\{H\} = 2\,HJ$$
$$\overset{\pm0}{J_2} + \overset{2-}{H_2S} = \overset{\pm0}{S{\downarrow}} + \overset{1-}{2\,HJ}.$$

Von organischen Stoffen, die Wasserstoff abgeben können, sei hier auf die beiden Alkohole Methylalkohol (CH_3OH) und Äthylalkohol (C_2H_5OH) hingewiesen, die dabei in die entsprechenden Aldehyde übergehen.

C. Stoffe, die Sauerstoff aufnehmen können.

Schweflige Säure.

Die schweflige Säure nimmt leicht Sauerstoff auf, wobei sie in Schwefelsäure übergeht:

$$H_2SO_3 + O = H_2SO_4.$$

Versuch Nr. 88. Man versetze Jod-lösung mit Schweflig-säure-lösung. Die braune Lösung wird farblos, da das Jod zu Jodwasserstoff reduziert wird.

$$\overset{\pm0}{J_2} + \overset{4+}{H_2SO_3} + H_2O = \overset{6+}{H_2SO_4} + \overset{-1}{2\,HJ}.$$

Über einige Stoffe, die sowohl Oxydations- als auch Reduktionsmittel sein können.

Salpetrige Säure.

Salpetrige Säure kann nach der Gleichung
$$2\,HNO_2 = H_2O + 2\,NO + O$$
oxydierend und nach der Gleichung
$$HNO_2 + O = HNO_3$$
reduzierend wirken.

Versuch Nr. 89. Man versetze eine sehr verdünnte Lösung von Natriumnitrit mit Kaliumjodid-lösung und einigen Tropfen Stärkelösung. Dann füge man einige Tropfen Salzsäure hinzu. Die anfangs farblose Lösung färbt sich blau. Die salpetrige Säure oxydiert die Jodwasserstoffsäure zu Jod, das mit der Stärke eine blaue Additionsverbindung („Jodstärke") bildet. (vgl. Vers. Nr. 274).

$$NaNO_2 + HCl = \{HNO_2\} + NaCl$$
$$KJ + HCl = \{HJ\} + KCl$$
$$\{HNO_2\} + \{HJ\} = J{\downarrow} + H_2O + NO{\uparrow}$$
$$\overset{3+}{Na}\overset{1-}{NO_2} + KJ + 2\,HCl = NaCl + KCl + \overset{2+}{N}O{\uparrow} + H_2O + \overset{\pm 0}{J}{\downarrow}.$$

Versuch Nr. 90. Man versetze Natriumnitrit-lösung mit einigen Tropfen verdünnter Kaliumpermanganat-lösung und füge Schwefelsäure hinzu. Es tritt Entfärbung ein. Die salpetrige Säure reduziert das Kaliumpermanganat.

$$2\,K\,Mn\,O_4 + 3\,H_2SO_4 = K_2SO_4 + 2\,Mn\,SO_4 + 3\,H_2O + 5\,\{O\};$$
$$5\,HNO_2 + 5\,\{O\} = 5\,HNO_3$$
$$\overset{7+}{2\,KMnO_4} + 3\,H_2SO_4 + \overset{3+}{5\,HNO_2} = K_2SO_4 + \overset{2+}{2\,MnSO_4} + 3\,H_2O$$
$$+ \overset{5+}{5\,HNO_3}.$$

Wasserstoffperoxyd.

Wasserstoffperoxyd kann nach der Gleichung
$$H_2O_2 = H_2O + O$$
oxydierend und nach der Gleichung
$$H_2O_2 + O = H_2O + O_2$$
reduzierend wirken.

Versuch Nr. 91. Man wiederhole den Versuch Nr. 89, indem man statt der Natriumnitrit-lösung Wasserstoffperoxyd-lösung verwendet. Das Wasserstoffperoxyd oxydiert die Jodwasserstoffsäure zu Jod.

$$\overset{2-}{H_2O_2} + \overset{1-}{2\,KJ} + 2\,HCl = 2\,KCl + \overset{2-}{2\,H_2O} + \overset{\pm 0}{J_2}{\downarrow}.$$

Versuch Nr. 92. Man wiederhole den Versuch Nr. 90, indem man statt der Natriumnitrit-lösung Wasserstoffperoxyd-lösung verwendet. Das Wasserstoffperoxyd reduziert das Kaliumpermanganat.

$$2 \overset{7+}{\text{KMnO}_4} + 3\,\text{H}_2\text{SO}_4 + 5\,\overset{2-}{\text{H}_2\text{O}_2} = \text{K}_2\text{SO}_4 + 2\,\overset{2+}{\text{MnSO}_4} + 8\,\text{H}_2\text{O} + 5\,\overset{\pm0}{\text{O}_2}\uparrow.$$

L. Kolloide Lösungen.

Eine besondere Art von Lösungen liegt in den „kolloiden" Lösungen vor.

Versuch Nr. 93. a) Man löse ein Körnchen Natriumthiosulfat ($\text{Na}_2\text{S}_2\text{O}_3$) in einem halben Reagensglas Wasser auf und füge Salzsäure hinzu. Die anfangs völlig klare Lösung trübt sich allmählich durch Abscheidung von Schwefel (vgl. Vers. Nr. 19).

b) Man verdünne einen Tropfen gelber Ammoniumsulfid-lösung mit einem viertel Reagensglas Wasser und füge Salzsäure hinzu. Auch hier trübt sich die anfangs klare Lösung durch den aus dem Polysulfid freigemachten Schwefel (vgl. Vers. Nr. 83).

Die beiden trüben Lösungen werden filtriert. Das Filtrat ist nicht klar und durchsichtig, sondern immer noch durch Schwefel getrübt; auch bei längerem Stehen bleibt die Lösung trübe.

Lösungen, die trübe erscheinen und auch beim Filtrieren nicht klar werden, sind Beispiele für kolloide Lösungen. Im Gegensatz hierzu stehen einerseits Lösungen von Natriumchlorid oder Zucker in Wasser, die völlig klar sind, und andererseits Aufschlämmungen von Sand oder Bariumkarbonat in Wasser, die zwar trübe sind, die sich aber nach einigem Stehen durch Absitzen des Niederschlages klären und beim Filtrieren ein klares Filtrat ergeben.

In einer kolloiden Lösung ist der gelöste Stoff in einem besonderen Verteilungszustand enthalten. Beim Lösen von Natriumchlorid oder Zucker in Wasser gehen diese Stoffe als Moleküle in Lösung, die beim Natriumchlorid weiterhin in die Ionen zerfallen; Lösungen dieser Art nennt man molekulare Lösungen. Sind aber die Moleküle eines gelösten Stoffes zu größeren Teilchen zusammengelagert, so erscheint die Lösung manchmal trübe, insbesondere beim Betrachten eines hindurchfallenden Lichtstrahls senkrecht zu seiner Fortpflanzungsrichtung („Tyndall-Phänomen"); Lösungen dieser Art nennt man kolloide Lösungen. Werden die gelösten Teilchen noch größer, so sinken sie durch ihre Schwere zu Boden; es liegt keine Lösung mehr vor, man spricht in diesem Falle von **Aufschlämmungen** oder **Suspensionen**.

Die kolloiden Lösungen unterscheiden sich von den molekularen Lösungen dadurch, daß die gelösten Teilchen nicht imstande sind, Pergamentpapier oder tierische Membranen zu durchdringen, sie „dialysieren" nicht.

In kolloiden Lösungen („Sole") kann der kolloide Zustand durch längeres Kochen oder durch Zusatz eines Elektrolyten aufgehoben werden („Ausflockung", „Gerinnen" oder „Koagulation" von Kolloiden). Die Ausflockung eines Kolloids kann durch die Anwesenheit anderer Kolloide (z. B. Gummi arabicum) verhindert werden („Schutzkolloid"). Kann ein ausgeflocktes Kolloid („Gel") durch Wasser wieder in Lösung gebracht werden („Peptisation"), so bezeichnet man es als „reversibel", andernfalls nennt man das Kolloid „irreversibel".

Versuch Nr. 94. Ein Kubikzentimeter **Wasserglas**-lösung (Na_2SiO_3) wird mit Wasser auf das zwei- bis dreifache Volumen verdünnt und mit einigen Tropfen **Salzsäure** versetzt. Die entstehende **Kieselsäure** bleibt als **Solvkolloid** gelöst. Wird die schwach opaleszierende Lösung gekocht, so scheidet sich die kolloide Kieselsäure in Flocken aus.

Versuch Nr. 95. Ein Kubikzentimeter **Wasserglas** wird unverdünnt mit einigen Tropfen Salzsäure versetzt. Es bildet sich ein dicker weißer Niederschlag von wasserhaltigem Kieselsäure-Gel.

Versuch Nr. 96. Eine Lösung von **arseniger Säure** (H_3AsO_3) in Wasser wird mit viel **Schwefelwasserstoff**-wasser versetzt. Die Lösung färbt sich gelb, da das entstehende **Arsen(III)-sulfid** (As_2S_3) **kolloid** gelöst bleibt, ohne daß eine sichtbare Trübung auftritt. Man verteile die gelbe Lösung auf drei Reagensgläser und füge hinzu:

a) konzentrierte Salzsäure;

b) Bariumchlorid-lösung;

c) etwas 5%ige Gummiarabicum-lösung und nach Umschütteln konzentrierte Salzsäure.

In den beiden ersten Versuchen wird das kolloide Arsen(III)-sulfid **ausgeflockt**, im letzten Versuch verhindert das hinzugefügte Schutzkolloid die Ausflockung.

M. Die Reaktionen einiger Metalle.

1. Alkalimetalle und Ammonium.

Die wichtigsten Alkalimetalle sind das **Natrium** und das **Kalium**. Sie treten in sämtlichen Verbindungen **einwertig** auf, ihre Salze sind mit wenigen Ausnahmen in Wasser löslich. Den Alkalimetallionen sehr ähnlich ist das **Ammoniumion** (NH_4^+), das sich in seinen Reaktionen insbesondere dem Kaliumion eng anschließt. Das Ammonium selbst, NH_4, ist als solches nicht beständig; es kommt nur als Ammoniumion, NH_4^+, in Verbindungen vor. (Es ist nicht zu verwechseln mit Ammoniak, NH_3!) Die Hydroxyde der Alkalimetalle sind in Wasser leicht löslich und starke Basen, die Ammoniak-lösung wirkt als schwache Base.

a) **Natrium** (Na).

Versuch Nr. 97 (für eine Gruppe Studenten vom Assistenten auszuführen). Ein hirsekorngroßes, gut gereinigtes Stückchen **Natrium** wird mit einer Pinzette in eine mit **Wasser** gefüllte Schale geworfen. Das Natrium reagiert heftig, es schmilzt zu einer kleinen Kugel, die lebhaft auf der Wasseroberfläche hin und her schwimmt. Das gebildete **Natriumhydroxyd** weise man mit Lackmuspapier nach.

$$2\,Na + 2\,H_2O = 2\,NaOH + H_2\!\uparrow.$$

Man wiederhole den Versuch mit der Abänderung, daß das Natrium auf ein auf dem Wasser schwimmendes Filtrierpapier gebracht wird. Da das Metall hierdurch an der Bewegung gehindert wird, erwärmt es sich stärker als beim ersten Teil des Versuchs; der gebildete **Wasserstoff** entzündet sich und brennt mit durch Natriumdampf gelb gefärbter Flamme. Zum Schluß verspritzt das Metall oft explosionsartig und wird umhergeschleudert (Vorsicht, Abstand wahren oder Schutzscheibe benutzen!).

Versuch Nr. 98. (Wie oben vom Assistenten auszuführen.) In ein beiderseits offenes, schwach gebogenes Glasrohr (vgl. Abb. 3)

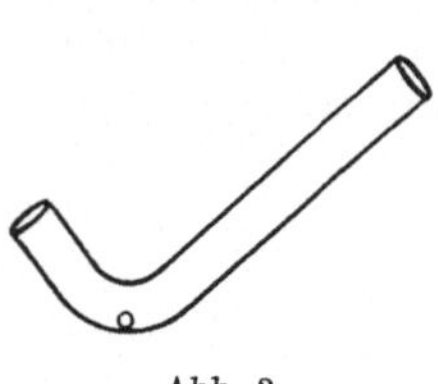

Abb. 3.

(etwa 8—10 mm Weite) wird ein gut gereinigtes, mit Filtrierpapier abgetrocknetes Stückchen **Natrium** eingeführt. Beim leichten Erhitzen schmilzt es zu einer kleinen blanken Kugel (Schmelzpunkt des $Na = 98°\,C$). Bei weiterem gelinden Erwärmen wird die Kugel zunächst dunkel und beginnt dann ohne wesentliche äußere Wärmezufuhr aufzuglühen. Das Natrium verbrennt bei reichlicher Luftzufuhr (bedingt durch die Kaminwirkung des beiderseits offenen Rohres) zum gelblichen **Natriumperoxyd**, Na_2O_2. Man läßt abkühlen und gibt nach vollständigem Erkalten ein wenig Wasser — am besten Eiswasser — hinzu: Es findet eine geringe Sauerstoffentwicklung statt, und es bildet sich eine alkalische Lösung von **Wasserstoffperoxyd**. Fügt man diese zu einer angesäuerten, mit Stärke-lösung versetzten Kaliumjodidlösung hinzu, so bildet sich die blaue Jodstärke (vgl. Vers. Nr. 91).

Im Natriumperoxyd ist das Natrium nicht etwa zweiwertig, sondern —wie stets— nur einwertig. Dieser Stoff leitet sich vom Wasserstoffperoxyd, H_2O_2, durch Ersatz der beiden Wasserstoffatome durch Natrium ab. Bei der Umsetzung mit Wasser wird ein Teil unter Sauerstoffentwicklung zersetzt:

$$2\,Na_2O_2 + 2\,H_2O = 4\,NaOH + O_2\uparrow,$$

ein weiterer Teil bildet Wasserstoffperoxyd:

$$Na_2O_2 + 2\,H_2O = H_2O_2 + 2\,NaOH.$$

Versuch Nr. 99. Man bringe einen mit Natriumchlorid-lösung befeuchteten Magnesiastab in die Flamme des Bunsenbrenners. Die Flamme färbt sich intensiv gelb; betrachtet man sie durch ein blaues Glas („Kobaltglas"), so erscheint sie farblos, da das blaue Glas das gelbe Licht absorbiert.

b) **Kalium** (K).

Versuch Nr. 100. Man befeuchte einen gut ausgeglühten Magnesiastab mit Kaliumchlorid-lösung und bringe ihn in die Flamme. Die Flamme färbt sich hell-violett. Beim Betrachten durch ein Kobaltglas wird die Farbe karminrot.

Versuch Nr. 101. Man befeuchte einen Magnesiastab mit einem Gemisch von Kalium- und Natriumchlorid-lösung und bringe ihn in die Flamme. Die Flamme färbt sich deutlich gelb; die schwächere violette Färbung, die das Kaliumsalz hervorruft, wird von der gelben Natriumflamme völlig überdeckt. Beim Betrachten durch ein Kobaltglas verschwindet die gelbe Färbung, und man sieht jetzt nur die karminrote Kaliumflamme. (Erkennung von Kalium neben Natrium.)

Versuch Nr. 102. Man versetze Kaliumchlorid-lösung mit Überchlorsäure-lösung. Es fällt weißes Kalium-perchlorat aus.

$$KCl + HClO_4 = KClO_4\downarrow + HCl.$$

c) **Ammonium**-ion (NH_4^+).

Versuch Nr. 103. Man bringe einige Tropfen konzentrierte Ammoniak-lösung auf ein Uhrglas und überzeuge sich von dem typischen Geruch des Ammoniaks. Dann halte man einen mit konzentrierter Salzsäure befeuchteten Glasstab über die Lösung. Es bilden sich weiße Nebel von Ammoniumchlorid.

$$NH_3 + HCl = NH_4Cl.$$

(Bildung von Ammoniumsalzen aus Ammoniak und Säure.)

Versuch Nr. 104. Man erhitze auf einer Magnesiarinne bzw. auf einem umgedreht auf ein Tondreieck gelegten Tiegeldeckel etwas festes **Ammoniumchlorid**. Das Ammoniumchlorid verflüchtigt sich.

$$NH_4Cl = NH_3\uparrow + HCl\uparrow .$$

Die Ammoniumsalze spalten beim Erhitzen Ammoniak ab. Einzige Ausnahmen: Ammoniumnitrat zerfällt beim Erhitzen in Distickstoffoxyd und Wasser (vgl. Vers. Nr. 31); Ammoniumnitrit zerfällt beim Erhitzen in Stickstoff und Wasser (vgl. Vers. Nr. 33).

Versuch Nr. 105. Man bringe eine Messerspitze festes **Ammoniumchlorid** auf ein Uhrglas und übergieße es mit wenig **Natronlauge**. Alsdann lege man schnell ein zweites Uhrglas, Wölbung nach oben, darauf, in dessen Innenseite man zuvor ein Stückchen angefeuchtetes rotes Lackmuspapier durch Andrücken befestigt hat (das Lackmuspapier darf nicht in die Natronlauge eintauchen!). Es entweicht **Ammoniak**, das das rote Lackmuspapier bläut, da es dem zum Anfeuchten verwendeten Wasser basische Reaktion verleiht.

$$NH_4Cl + NaOH = NaCl + H_2O + NH_3\uparrow .$$

(**Erkennungsreaktion für Ammoniumsalze.**)

Versuch Nr. 106. Ein Tropfen **Ammoniumchlorid**-lösung wird mit einem halben Reagensglas Wasser verdünnt und mit **Neßlers Reagens** versetzt. — Neßlers Reagens ist eine stark alkalische Lösung von Kaliumquecksilber(II)-jodid (vgl. Versuch Nr. 161). — Es entsteht ein **brauner**, kompliziert zusammengesetzter Niederschlag. (Empfindlicher Nachweis für Ammoniak bzw. Ammoniumsalze.)

Neßlers Reagens dient insbesondere zum Nachweis von Ammoniak im Trinkwasser. Ammoniakhaltiges Wasser ist für Genußzwecke nicht unbrauchbar. Wenn das Ammoniak aber durch die Fäulnis von stickstoffhaltigen, organischen Substanzen entstanden ist, so enthält das Wasser stets auch gesundheitsschädliche Bakterien und darf deshalb für den menschlichen Genuß nicht verwendet werden.

2. Erdalkalimetalle.

Die wichtigsten Erdalkalimetalle sind das **Calcium** und das **Barium**. Sie sind in ihren Verbindungen stets **zweiwertig**. Die Carbonate, Sulfate und Phosphate der Erdalkalimetalle sind schwer löslich. Die Hydroxyde der Erdalkalimetalle sind schwerer löslich als die Hydroxyde der Alkalimetalle und zeigen eine geringere Basizität als diese; sie werden aus konzentrierten Salzlösungen durch Natriumhydroxyd ausgefällt.

a) **Calcium (Ca).**

Versuch Nr. 107. Man erhitze ein Stückchen **Marmor** (Calciumcarbonat) auf der Magnesiarinne bzw. auf einem umgedreht auf ein Tondreieck gelegten Tiegeldeckel in der Bunsenflamme. Das Calciumcarbonat zerfällt in **Calciumoxyd** und **Kohlendioxyd**:

$$CaCO_3 = CaO + CO_2\uparrow.$$

(„Brennen des Kalkes.“)

Nach dem Abkühlen bringe man das Calciumoxyd in ein Reagensglas und befeuchte es mit Wasser. Unter Wärme-entwicklung entsteht **Calciumhydroxyd**:

$$CaO + H_2O = Ca(OH)_2.$$

(„Löschen des Kalkes.“)

Nun gibt man noch einige Kubikzentimeter Wasser hinzu, schüttelt kräftig und filtriert. Ein Teil des Calciumhydroxydes hat sich gelöst, und es ist „Kalkwasser“ entstanden. Kalkwasser reagiert alkalisch (Prüfung mit Lackmuspapier) und trübt sich, wenn man die an Kohlendioxyd reiche Ausatmungsluft hindurchbläst:

$$Ca(OH)_2 + CO_2 = CaCO_3\downarrow + H_2O.$$

Bläst man längere Zeit Kohlendioxyd durch das Kalkwasser hindurch, so löst sich der zuerst entstehende Niederschlag von Calciumkarbonat wieder auf, da Calciumhydrogencarbonat entsteht, das in Wasser löslich ist:

$$CaCO_3 + H_2O + CO_2 = Ca(HCO_3)_2.$$

Kocht man die klare Lösung jetzt einige Zeit, so trübt sie sich wieder, da das Hydrogencarbonat in das neutrale Carbonat, Kohlendioxyd und Wasser zurückverwandelt wird:

$$Ca(HCO_3)_2 = H_2O + CO_2\uparrow + CaCO_3\downarrow.$$

Das Calciumhydrogencarbonat findet sich häufig im Wasser gelöst, beim Kochen zerfällt es in Kohlendioxyd, Wasser und das neutrale Calciumcarbonat, das sich als „Kesselstein“ absetzt.

Das Calciumhydrogencarbonat bewirkt die „temporäre Härte“ oder „Carbonat-Härte“ des Wassers, die durch längeres Kochen des Wassers beseitigt werden kann. Die „bleibende Härte“ des Wassers wird durch Magnesiumsalze sowie Calciumsulfat hervorgerufen und kann nicht durch Kochen beseitigt werden.

Versuch Nr. 108. Man befeuchte einen ausgeglühten Magnesiastab mit **Calciumchlorid**-lösung und bringe ihn in die Flamme. Die Flamme färbt sich **ziegelrot**.

Versuch Nr. 109. Man versetze **Calciumchlorid**-lösung mit Schwefelsäure. Es fällt ein weißer Niederschlag von Calciumsulfat aus, der in Säuren unlöslich ist. Infolge Übersättigung tritt oft eine Verzögerung der Abscheidung ein. Man reibe mit einem Glasstab an der inneren Wandung des Reagensglases (vgl. S. 38).

$$CaCl_2 + H_2SO_4 = CaSO_4\downarrow + 2\,HCl.$$

Versuch Nr. 110. Man versetze Calciumchlorid-lösung mit Ammoniak- und Natriumphosphat-lösung, Na_2HPO_4; es fällt ein weißer Niederschlag von basischem Calciumphosphat, $3\,Ca_3(PO_4)_2 \cdot Ca(OH)_2$ („Hydroxylapatit"), aus, der in Säuren löslich ist.

b) Barium (Ba).

Versuch Nr. 111. Man befeuchte einen ausgeglühten Magnesiastab mit Bariumchlorid-lösung und bringe ihn in die Flamme. Die Flamme färbt sich gelb-grün.

Versuch Nr. 112. Man versetze Bariumchlorid-lösung mit Schwefelsäure. Es fällt weißes Bariumsulfat aus, das in Säuren unlöslich ist.

3. Magnesium und Zink.

Magnesium und Zink sind — wie die Erdalkalimetalle — in ihren Verbindungen stets zweiwertig. Schwer löslich sind die Carbonate und Phosphate sowie das Zinksulfid. Die Hydroxyde des Magnesiums und Zinks sind schwerer löslich und schwächere Basen als die Erdalkalimetallhydroxyde. Das Zinkhydroxyd verhält sich amphoter.

a) Magnesium (Mg).

Versuch Nr. 113. Man versetze Magnesiumsulfat-lösung mit Natronlauge. Es fällt ein weißer Niederschlag von Magnesiumhydroxyd aus, der im Überschuß von Natronlauge nicht löslich ist.

Versuch Nr. 114. Man versetze Magnesiumsulfat-lösung mit Ammoniak-lösung. Es fällt Magnesiumhydroxyd aus.

Man wiederhole den Versuch, füge aber vor dem Versetzen mit Ammoniak-lösung einige Kubikzentimeter Ammoniumchlorid-lösung hinzu. Es fällt kein Magnesiumhydroxyd aus. (Schwächung der Basizität der Ammoniak-lösung durch einen gleichionigen Zusatz, vgl. Vers. Nr. 58 und 59).

Versuch Nr. 115. Man versetze Magnesiumsulfat-lösung mit Natriumcarbonat-lösung. Es fällt nicht das neutrale, sondern — infolge von Hydrolyse — ein weißer Niederschlag von basischem Magnesiumcarbonat („Magnesia alba") aus.

$$2\,MgSO_4 + 2\,Na_2CO_3 + H_2O = Mg_2(CO_3)(OH)_2\!\downarrow + 2\,Na_2SO_4 + CO_2.$$

Versuch Nr. 116. Man versetze Magnesiumsulfat-lösung mit Ammoniumchlorid-, Ammoniak- und Natriumphosphat-lösung. Es fällt ein weißer Niederschlag von Magnesium-ammoniumphosphat aus. Das Ammoniumchlorid soll die Ausfällung von

Magnesiumhydroxyd durch Ammoniak verhindern (vgl. Vers. Nr. 114).

$$MgSO_4 + Na_2HPO_4 + NH_3 = Mg(NH_4)PO_4\downarrow + Na_2SO_4.$$

(Erkennungsreaktion für Magnesiumionen.)

b) Zink (Zn).

Versuch Nr. 117. Man löse ein Stückchen Zink in Salzsäure auf und teile die erhaltene Lösung in zwei Teile. Zum einen Teil füge man Schwefelwasserstoff-wasser hinzu: es fällt nichts aus. Den anderen Teil mache man ammoniakalisch und versetze ihn mit Ammoniumsulfid-lösung: es fällt weißes Zinksulfid aus.

$$ZnCl_2 + (NH_4)_2S = ZnS\downarrow + 2\,NH_4Cl.$$

Da das Zinksulfid in Säuren löslich ist, fiel beim ersten Versuch nichts aus, denn die Lösung enthielt vom Auflösen des Zinks her freie Salzsäure.

Versuch Nr. 118. Man versetze Zinksulfat-löung tropfenweise mit Natronlauge. Es fällt Zinkhydroxyd aus, das sich — im Gegensatz zum Magnesiumhydroxyd — auf weiteren Zusatz von Natronlauge zu Natriumzinkat auflöst (amphoterer Charakter, vgl. S. 45).

Versuch Nr. 119. Man versetze Zinksulfat-lösung tropfenweise mit Ammoniak-lösung. Es fällt Zinkhydroxyd aus, das sich auf weiteren Zusatz von Ammoniak zu komplexem Tetramminzink-hydroxyd auflöst (vgl. S. 45).

4. Aluminium und Eisen.

Das Aluminium ist in seinen Verbindungen stets dreiwertig; das Eisen tritt in zwei- und dreiwertiger Form auf. Die Hydroxyde sind schwer löslich in Wasser. Das Aluminiumhydroxyd verhält sich amphoter, nicht aber das Eisen(III)-hydroxyd. Infolge der geringen Basizität der Hydroxyde neigen die Salze der dreiwertigen Metalle stark zur Hydrolyse; einige, z. B. das Aluminiumsulfid, das Aluminiumcarbonat und das Eisen(III)-carbonat, sind in wäßriger Lösung überhaupt nicht beständig, andere, z. B. das Aluminiumacetat und das Eisen(III)-acetat, hydrolysieren vollständig beim Kochen.

a) Aluminium (Al).

Versuch Nr. 120. Man versetze Aluminiumsulfat-lösung tropfenweise mit Natronlauge. Es fällt gallertartiges Aluminiumhydroxyd aus, das sich auf weiteren Zusatz von Natronlauge zu Natriumaluminat auflöst (amphoterer Charakter, vgl. S. 45).

Versuch Nr. 121. Man versetze Aluminiumsulfat-lösung mit Ammoniak-lösung. Es fällt Aluminiumhydroxyd aus, das sich — im Gegensatz zum Zinkhydroxyd — in einem Überschuß von Ammoniak nicht wieder auflöst.

Versuch Nr. 122. Man versetze Aluminiumsulfat-lösung mit Ammoniumsulfid-lösung. Es fällt Aluminiumhydroxyd aus (Hydrolyse, vgl. Vers. Nr. 67).

Versuch Nr. 123. Man erhitze eine Lösung von Aluminiumacetat („essigsaure Tonerde"). Es fällt Aluminiumhydroxyd aus (Fortschreiten der Hydrolyse beim Erhitzen, vgl. Vers. Nr. 69).

b) Eisen (Fe).

Reaktionen des Eisen(II)-ions (Fe^{2+}).

Versuch Nr. 124. Man übergieße Eisenpulver mit Schwefelsäure. Unter Wasserstoff-entwicklung löst sich das Eisen zu Eisen(II)-sulfat auf. Der auftretende unangenehme Geruch wird verursacht durch die Wasserstoffverbindungen der Verunreinigungen, die im technischen Eisen enthalten sind. Nach einiger Zeit filtriere man vom ungelösten Metall ab und benutze die erhaltene Lösung für die folgenden Versuche.

Versuch Nr. 125. Man versetze Eisen(II)-sulfat-lösung mit Natronlauge. Es fällt ein grünlich-weißer Niederschlag von Eisen(II)-hydroxyd aus, der durch Oxydation an der Luft allmählich dunkelgrün wird und allmählich in braunes Eisen(III)-hydroxyd übergeht (vgl. Vers. Nr. 79).

Versuch Nr. 126. Man versetze Eisen(II)-sulfat-lösung mit einigen Tropfen Salzsäure und gebe Schwefelwasserstoffwasser hinzu. Es fällt kein Niederschlag von Eisen(II)-sulfid aus, da dasselbe in Säuren löslich ist.

Versuch Nr. 127. Man mache Eisen(II)-sulfat-lösung schwach ammoniakalisch und füge Ammoniumsulfid-lösung hinzu. Es fällt schwarzes Eisen(II)-sulfid, FeS, aus.

Versuch Nr. 128. Man versetze Eisen(II)-sulfat-lösung mit Schwefelsäure und einigen Tropfen konzentrierter Salpetersäure. Hierauf erhitze man zum Sieden, bis die anfangs dunkelbraune Lösung hellgelb geworden ist. Das Eisen(II)-sulfat wird zu Eisen(III)-sulfat oxydiert.

$$6\,FeSO_4 + 3\,H_2SO_4 + 2\,HNO_3 = 3\,Fe_2(SO_4)_3 + 2\,NO\uparrow + 4\,H_2O.$$

Reaktionen des Eisen(III)-ions (Fe^{3+}).

Versuch Nr. 129. Man versetze Eisen(III)-chlorid-lösung mit Natronlauge. Es fällt rotbraunes Eisen(III)-hydroxyd aus.

Versuch Nr. 130. Man versetze Eisen(III)-chlorid-lösung mit einigen Tropfen Salzsäure und gebe Schwefelwasserstoff-wasser hinzu. Der Schwefelwasserstoff reduziert das Eisen(III)-chlorid zu Eisen(II)-chlorid, und es scheidet sich allmählich Schwefel aus (vgl. Vers. Nr. 86).

Versuch Nr. 131. Man versetze Eisen(III)-chlorid-lösung mit Ammoniumsulfid-lösung. Auch das Ammoniumsulfid reduziert unter Abscheidung von Schwefel das dreiwertige Eisen zu zweiwertigem; es fällt aber aus der nicht sauren Lösung schwarzes Eisen(II)-sulfid aus.

$$2\,FeCl_3 + (NH_4)_2S = 2\,FeCl_2 + 2\,NH_4Cl + S\downarrow;$$
$$\underline{2\,FeCl_2 + 2\,(NH_4)_2S = 2\,FeS\downarrow + 4\,NH_4Cl;}$$
$$2\,FeCl_3 + 3\,(NH_4)_2S = 2\,FeS\downarrow + 6\,NH_4Cl + S\downarrow.$$

Versuch Nr. 132. Man versetze Eisen(III)-chlorid-lösung mit Natriumacetat-lösung und erhitze die rote Lösung zum Sieden. Es fällt Eisen(III)-hydroxyd bzw. basisches Eisen(III)-acetat aus. (Fortschreiten der Hydrolyse beim Erwärmen, vgl. Vers. Nr. 69).

Versuch Nr. 133. Ein Tropfen Eisen(III)-chlorid-lösung wird mit einem halben Reagensglas Wasser verdünnt und mit Kaliumrhodanid-lösung versetzt. Es bildet sich Eisen(III)-rhodanid, und die Lösung färbt sich blutrot.

$$FeCl_3 + 3\,KCNS = Fe(CNS)_3 + 3\,KCl.$$

[Empfindlicher Nachweis für Eisen(III)-ionen.]

Versetzt man Eisen(II)-sulfat-lösung mit Kaliumcyanid-lösung, so entsteht eine Lösung von komplexem Kaliumhexacyanoferrat(II) (vgl. Vers. Nr. 71). Für die folgenden Versuche benutze man die ausstehende Lösung dieses Salzes („gelbes Blutlaugensalz").

Versuch Nr. 134. Man versetze Eisen(III)-chlorid-lösung mit einer Lösung von Kaliumhexacyanoferrat(II). Es entsteht ein tiefblauer Niederschlag von Eisen(III)-hexacyano-ferrat(II) („Berliner Blau").

$$4\,FeCl_3 + 3\,K_4[Fe(CN)_6] = Fe_4^{III}\,[Fe^{II}\,(CN)_6]_3\downarrow + 12\,KCl.$$

(Wichtige Erkennungsreaktion für Eisen(III)-ionen.)

Versuch Nr. 135. Man koche eine Lösung des „gelben Blut-laugensalzes" mit etwas Brom-wasser, bis keine Bromdämpfe mehr entweichen. Das Kaliumhexacyanoferrat(II) wird zu Kaliumhexacyanoferrat(III) („rotes Blutlaugensalz") oxy-diert.

$$2K_4[Fe^{II}\,(CN)_6] + Br_2 = 2\,K_3[Fe^{III}\,(CN)_6] + 2\,KBr.$$

Zu der erhaltenen Lösung füge man Eisen(II)-sulfat-lösung hinzu. Es entsteht ebenfalls Berliner Blau, da das Kaliumhexacyanoferrat(III) und das Eisen(II)-sulfat sich zunächst nach folgender Gleichung umsetzen:

$$Fe^{2+} + [Fe^{III}(CN)_6]^{3-} = Fe^{3+} + [Fe^{II}(CN)_6]^{4-}.$$

5. Chrom und Mangan.

Den Metallen Chrom und Mangan ist gemeinsam, daß sie in vielen verschiedenen Wertigkeitsstufen auftreten. Ihre niederen Oxyde haben basischen Charakter, sie bilden mit Säuren Salze; mit steigender Wertigkeit nimmt der basische Charakter ab, und die Oxyde der höchsten Wertigkeitsstufen sind die Anhydride von Säuren.

a) Chrom (Cr).

Das Chrom ist in seinen Verbindungen vor allem drei- und sechswertig.

Die Chrom(III)-salze leiten sich von Chrom(III)-oxyd, Cr_2O_3, bzw. vom Chrom(III)-hydroxyd, $Cr(OH)_3$, ab. Das Chrom(III)-hydroxyd ist eine sehr schwache Base; es zeigt amphoteren Charakter. Wegen der schwach basischen Eigenschaften des Hydroxyds neigen die Salze zur Hydrolyse; das Chrom(III)-sulfid und das Chrom(III)-carbonat sind bei Gegenwart von Wasser überhaupt nicht beständig. Das Chrom(III)-ion ähnelt in seinem Verhalten dem Aluminium-, bzw. Eisen(III)-ion; Chrom(III)-salzlösungen sind grün oder violett.

Das Chrom(VI)-oxyd, CrO_3, ist das Anhydrid der Chromsäure, H_2CrO_4, und Dichromsäure (auch Pyrochromsäure genannt), $H_2Cr_2O_7$. Die Salze dieser Säuren nennt man Chromate, bzw. Dichromate. Die Lösungen der Chromate sind gelb und enthalten das Ion CrO_4^{2-}, die Lösungen der Dichromate sind rot und enthalten das Ion $Cr_2O_7^{2-}$. Die Chromate gehen beim Ansäuern in die Dichromate über, und umgekehrt werden die Dichromate durch Alkalien in die Chromate verwandelt. Schwerlöslich sind die Chromate des Bariums und Bleis.

Versuch Nr. 136. Man versetze Chrom(III)-sulfat-lösung mit einem Tropfen Natronlauge. Der ausfallende graugrüne Niederschlag von Chrom(III)-hydroxyd löst sich auf weiteren Zusatz von Natronlauge zu Natriumchromit auf, und es entsteht eine grüne Lösung (amphoterer Charakter, vgl. S. 45). — Zu einem Teil der erhaltenen alkalischen Natriumchromit-lösung füge man etwas Wasserstoffperoxyd hinzu und erwärme. Die Farbe der Lösung schlägt in Gelb um (Oxydation des dreiwertigen zu sechswertigem Chrom).

$$2 Na_3[Cr(OH)_6] + 3 H_2O_2 = 2 Na_2CrO_4 + 8 H_2O + 2 NaOH.$$

Versuch Nr. 137. Man versetze Chrom(III)-sulfat-lösung mit Ammoniak-lösung. Es fällt Chrom(III)-hydroxyd aus, das im Überschuß des Fällungsmittels unlöslich ist.

Versuch Nr. 138. Man versetze Chrom(III)-sulfat-lösung mit Ammoniumsulfid-lösung. Es fällt Chrom(III)-hydroxyd aus (Hydrolyse, vgl. Vers. Nr. 67).

Versuch Nr. 139. Man erhitze auf einer Magnesiarinne eine Messerspitze eines Gemisches von Natriumcarbonat und Kaliumnitrat. Wenn die Mischung zu schmelzen beginnt, füge man einige Körnchen Chrom(III)-sulfat hinzu und erhitze weiter, bis die in der Hitze gelbrot, in der Kälte gelb aussehende Schmelze von Natriumchromat, Na_2CrO_4, entstanden ist. — Das Kaliumnitrat wirkt bei diesem Versuch als Oxydationsmittel, indem es unter Bildung von Kaliumnitrit Sauerstoff abgibt (vgl. Vers. Nr. 29) und das dreiwertige Chrom in das sechswertige überführt.

$$Cr_2(SO_4)_3 + 3\,KNO_3 + 5\,Na_2CO_3 =$$
$$= 2\,Na_2CrO_4 + 3\,KNO_2 + 3\,Na_2SO_4 + 5\,CO_2\uparrow$$

(Charakteristische Reaktion für Chromverbindungen.)

Versuch Nr. 140. Man löse die Chromat-schmelze in wenig Wasser und verteile die Lösung auf zwei Reagensgläser. Im einen Reagensglas wird die alkalisch reagierende gelbe Lösung mit Schwefelsäure angesäuert; im anderen Reagensglas wird die Lösung mit Wasser auf das gleiche Volumen verdünnt. Die angesäuerte Lösung ist im Vergleich zur nicht angesäuerten deutlich rotstichig gefärbt. Auf Zusatz von Natronlauge würde die rote Farbe wieder in Gelb umschlagen.

$$2\,Na_2CrO_4 + H_2SO_4 = Na_2Cr_2O_7 + Na_2SO_4 + H_2O;$$
Chromat (gelb)　　　Dichromat (rot)
$$Na_2Cr_2O_7 + 2\,NaOH = 2\,Na_2CrO_4 + H_2O.$$
Dichromat (rot)　　　Chromat (gelb)

Versuch Nr. 141. Man versetze Kaliumchromat- bzw. Kaliumdichromat-lösung mit Bleiacetat-lösung. Es fällt in beiden Fällen gelbes Bleichromat („Chromgelb") aus, das in Essigsäure unlöslich ist.

$$K_2CrO_4 + Pb(CH_3COO)_2 = PbCrO_4\downarrow + 2\,K(CH_3COO);$$
$$K_2Cr_2O_7 + 2\,Pb(CH_3COO)_2 + H_2O = 2\,PbCrO_4\downarrow + 2\,K(CH_3COO)$$
$$+ 2\,CH_3COOH.$$

Versuch Nr. 142. Eine Lösung von Kaliumdichromat wird mit Schwefelsäure und einigen Tropfen Äthylalkohol versetzt und gekocht. Die rote Lösung färbt sich grün, da das Chromat den Alkohol zu Acetaldehyd, CH_3CHO, oxydiert und hierbei selbst zu grünem Chrom(III)-salz reduziert wird. Die Bildung von Acetaldehyd läßt sich durch den Geruch erkennen (Oxydationswirkung von Chromaten).

$$K_2Cr_2O_7 + 4\,H_2SO_4 = K_2SO_4 + Cr_2(SO_4)_3$$
$$+ 4\,H_2O + 3\,\{O\}$$
$$\underline{3\,C_2H_5OH + 3\,\{O\} = 3\,CH_3 \,.\, CHO + 3\,H_2O}$$
$$K_2Cr_2O_7 + 4\,H_2SO_4 + 3\,C_2H_5OH = K_2SO_4 + Cr_2(SO_4)_3 + 7\,H_2O$$
$$+ 3\,CH_3 \,.\, CHO.$$

Versuch Nr. 143. Man verdünne einige Tropfen Kalium-dichromat-lösung mit Wasser, versetze mit Schwefelsäure und überschichte mit Äther. Nun füge man zu der Lösung etwas Wasserstoffperoxyd hinzu. Die Chromsäure wird zu einem blauen Peroxyd (CrO_5) oxydiert, das sich im Äther mit blauer Farbe auflöst (empfindlicher Nachweis für Chromate).

b) Mangan (Mn).

Das Mangan ist in seinen Verbindungen hauptsächlich zwei-, vier-, sechs- und siebenwertig.

Die Mangan(II)-salze leiten sich vom Mangan(II)-hydroxyd, $Mn(OH)_2$, ab. Sie sind schwach rosa.

Vierwertig ist das Mangan im Mangan(IV)-oxyd (Mangandioxyd, als Mineral Braunstein genannt), MnO_2.

Sechswertig ist das Mangan in der Mangansäure, H_2MnO_4. Die Salze der Mangansäure, die Manganate, sind grün und nur in alkalischer Lösung beständig.

Das Mangan(VII)-oxyd, Mn_2O_7, auch Dimanganheptoxyd genannt, ist das Anhydrid der Übermangansäure, $HMnO_4$. Die Salze der Übermangansäure, die Permanganate, sind violett.

Versuch Nr. 144. Man versetze Mangan(II)-sulfat-lösung mit Natronlauge; es fällt rötlich-weißes Mangan(II)-hydroxyd aus, das beim Stehen an der Luft über die Stufe des dreiwertigen Mangans in braunes wasserhaltiges Mangan(IV)-oxyd übergeht.

$$MnSO_4 + 2\,NaOH = Mn(OH)_2{\downarrow} + Na_2SO_4;$$
$$2\,Mn(OH)_2 + O_2 = 2\,MnO_2 + 2\,H_2O.$$

Versuch Nr. 145. Man versetze Mangan(II)-sulfat-lösung mit Ammoniumsulfid-lösung. Es fällt rosafarbenes, Mangan(II)-sulfid, MnS, aus. .

Versuch Nr. 146. a) Man erhitze auf einer Magnesiarinne eine Messerspitze eines Gemisches von Natriumcarbonat und Kaliumnitrat. Wenn die Mischung zu schmelzen beginnt, füge man einige Körnchen Mangan(II)-sulfat hinzu und erhitze weiter, bis eine grüne Schmelze entstanden ist. Sollte beim Schmelzen das Gemisch schwarz geblieben sein, so gebe man erneut etwas des Soda-Salpeter-Gemisches auf die Masse und schmelze nochmals.

Es entsteht eine grüne Schmelze von Natriummanganat,
Na_2MnO_4. — Das Kaliumnitrat wirkt bei diesem Versuch wie bei
der Chromatschmelze (vgl. Vers. Nr. 139).

$$MnSO_4 + 2\,Na_2CO_3 + 2\,KNO_3$$
$$= Na_2MnO_4 + 2\,KNO_2 + Na_2SO_4 + 2\,CO_2\uparrow.$$

(Charakteristische Reaktion für Mangan-
verbindungen.)

b) Man löse die Manganat-schmelze in Wasser auf
und säuere die grüne Lösung mit Essigsäure an. Die klare,
grüne Lösung färbt sich violett, und es scheidet sich ein
brauner Niederschlag aus. — Das grüne Natriummanganat geht in
das violett gefärbte Natriumpermanganat über, und es entsteht Braunstein. Die Oxydation des sechswertigen Mangans zu
siebenwertigem wird dadurch bewirkt, daß ein anderer Teil des
sechswertigen Mangans zu vierwertigem reduziert wird („Disproportionierung").

$$3\,\overset{6+}{Na_2MnO_4} + 4\,CH_3COOH = 2\,\overset{7+}{NaMnO_4} + \overset{4+}{MnO_2}\downarrow$$
$$+\,4\,Na(CH_3COO)_2 + 2\,H_2O.$$

Die Farbe des Permanganats ist in diesem Falle nicht beständig,
da die anwesende salpetrige Säure mit dem Permanganat in
Reaktion tritt (vgl. Vers. Nr. 90).

Versuch Nr. 147. a) Man versetze eine Lösung von schwefliger Säure mit Schwefelsäure und hierauf tropfenweise mit einer
sehr verdünnten Lösung von Kaliumpermanganat. Es tritt
Entfärbung der violetten Kaliumpermanganat-lösung ein, die
schweflige Säure wird zu Schwefelsäure oxydiert, und das
siebenwertige Mangan des Kaliumpermanganats wird zu zweiwertigem Mangan reduziert. Ist die gesamte schweflige Säure
zu Schwefelsäure oxydiert, so bleibt die violette Farbe der Kaliumpermanganat-lösung bestehen.

$$2\,KMnO_4 + 3\,H_2SO_4 = 2\,MnSO_4 + K_2SO_4 + 3\,H_2O + 5\,\{O\}$$

(Oxydationswirkung von Kaliumpermanganat in saurer Lösung)

$$5\,H_2SO_3 + 5\,\{O\} = 5\,H_2SO_4$$

$$\overset{7+}{2\,KMnO_4} + \overset{4+}{5\,H_2SO_3} = \overset{2+\ 6+}{2\,MnSO_4} + \overset{6+}{K_2SO_4} + 3\,H_2O + \overset{6+}{2\,H_2SO_4}.$$

b) Man versetze eine Lösung von schwefliger Säure bis
zum Verschwinden des Geruches mit Natronlauge und hierauf
tropfenweise mit einer sehr verdünnten Kaliumpermanganat-
lösung. Es tritt Entfärbung der violetten Kaliumpermanganat-
lösung ein, das Natriumsulfit wird zu Natriumsulfat oxydiert,

5*

und das Kaliumpermanganat geht in **Braunstein** über, der sich in braunen Flocken ausscheidet.

$$2\,KMnO_4 + H_2O = 2\,KOH + 2\,MnO_2\!\downarrow + 3\,\{O\}$$

(Oxydationswirkung von Kaliumpermanganat in **alkalischer** Lösung)

$$3\,Na_2SO_3 + 3\,\{O\} = 3\,Na_2SO_4$$

$$\overset{7+}{2\,KMnO_4} + \overset{4+}{3\,Na_2SO_3} + H_2O = 2\,KOH + \overset{6+}{3\,Na_2SO_4} + \overset{4+}{2\,MnO_2}\!\downarrow.$$

6. Kupfer und Silber.

Kupfer und Silber können in ihren Verbindungen **einwertig** auftreten und sind in diesem Wertigkeitszustand durch die Schwerlöslichkeit ihrer Halogenide gekennzeichnet. Die meisten Kupferverbindungen leiten sich aber vom **zweiwertigen Kupfer** ab. Die Metalle lösen sich nicht in Säuren unter Wasserstoffentwicklung; sie stehen in der Spannungsreihe rechts vom Wasserstoff.

a) **Kupfer** (Cu).

Reaktionen des Kupfer(II)-ions (Cu^{2+}).

Versuch Nr. 148. Man versetze **Kupfersulfat-lösung** mit **Natronlauge.** Es fällt blaues **Kupfer(II)-hydroxyd** aus, das beim Erwärmen in schwarzes Kupfer(II)-oxyd übergeht (vgl. Vers. Nr. 48).

Versuch Nr. 149. Man versetze **Kupfersulfat**-lösung tropfenweise mit **Ammoniak**-lösung. Es fällt **Kupfer(II)-hydroxyd** aus, das sich auf weiteren Zusatz von Ammoniak-lösung zu einer intensiv blauen Lösung auflöst. Bildung von komplexem **Tetramminkupfer(II)-hydroxyd** (vgl. S. 45). (**Wichtige Erkennungsreaktion des Kupfer(II)-ions.**)

Versuch Nr. 150. Man versetze **Kupfersulfat**-lösung mit einigen Tropfen Schwefelsäure und füge **Schwefelwasserstoff**-wasser hinzu. Es fällt schwarzes **Kupfer(II)-sulfid, CuS,** aus.

Übergang des zweiwertigen Kupfers in das einwertige.

Versuch Nr. 151. Man versetze wenig **Kupfersulfat**-lösung mit **Kaliumjodid**-lösung. Das zuerst entstehende Kupfer(II)-jodid zerfällt sofort in weißes **Kupfer(I)-jodid** und **Jod,** das die weiße Farbe verdeckt. Kocht man die Lösung, so entweicht das Jod als violetter Dampf, und die weiße Farbe des Kupfer(I)-jodids wird erkennbar.

$$CuSO_4 + 2\,KJ = \{CuJ_2\} + K_2SO_4,$$
$$2\,\{CuJ_2\} = 2\,CuJ\!\downarrow + J_2\!\downarrow.$$

Von den Kupfer-halogeniden ist das Kupfer(II)-chlorid sehr viel beständiger als das Kupfer(I)-chlorid; bei den Jodiden dagegen tritt ein freiwilliger Übergang des Kupfer(II)-jodids in das Kupfer(I)-jodid ein.

Versuch Nr. 152. Man versetze Kupfersulfat-lösung mit Natronlauge und Seignettesalz-lösung (Natrium-kaliumsalz der Weinsäure). Der entstehende Niederschlag von Kupfer(II)-hydroxyd wird von der Weinsäure unter Komplexbildung gelöst. Die tiefblaue Lösung („Fehlingsche Lösung") enthält das Ion der Kupfer(II)-weinsäure, das etwa in folgender Weise formuliert werden könnte:

$$
\begin{array}{ccc}
\mathrm{COO^-} & & \mathrm{^-OOC} \\
| & & | \\
\mathrm{HC-O} & \mathrm{H} & \mathrm{O-CH} \\
| & \diagdown\mathrm{Cu}\diagup & | \\
\mathrm{HC-O} & \mathrm{H} & \mathrm{O-CH} \\
| & & | \\
\mathrm{COO^-} & & \mathrm{^-OOC}
\end{array} \; .
$$

Nun erwärme man die Fehlingsche Lösung mit einem Reduktionsmittel, z. B. Traubenzucker (eine halbe Messerspitze voll); es wird das zweiwertige Kupfer zu einwertigem Kupfer reduziert; dieses wird nicht mehr komplex durch die Weinsäure gebunden, sondern durch die Natronlauge als gelbrotes bis rotes Kupfer(I)-oxyd, Cu_2O, ausgefällt. — Fehlingsche Lösung findet in der Medizin Anwendung zum Nachweis von Zucker im Harn.

b) **Silber (Ag).**

Versuch Nr. 153. Man versetze Silbernitrat-lösung mit Natronlauge. Es entsteht braunes Silberoxyd (vgl. Vers. Nr. 48).

$$2\,AgNO_3 + 2\,NaOH = Ag_2O\!\downarrow + H_2O + 2\,NaNO_3.$$

Versuch Nr. 154. Man versetze Silbernitrat-lösung mit Schwefelwasserstoff-wasser. Es fällt ein schwarzer Niederschlag von Silbersulfid, Ag_2S, aus.

Versuch Nr. 155. Man versetze Silbernitrat-lösung mit Salzsäure. Es fällt Silberchlorid aus, das in Säuren unlöslich ist, sich aber auf Zusatz von Ammoniak-lösung zu komplexem Diamminsilberchlorid auflöst. (Wichtiger Nachweis für Silberionen.)

$$AgCl + 2\,NH_3 = [Ag(NH_3)_2]Cl.$$

7. Quecksilber.

Quecksilber ist ein- und zweiwertig. Die Verbindungen des einwertigen Quecksilbers sind wenig beständig; sie enthalten nicht das einwertige Hg^+-Ion, sondern das Hg_2^{2+}-Ion, in dem das Quecksilber elektrochemisch nur einwertig ist. Die Verbindungen disproportionieren leicht in zweiwertiges Quecksilber und freies Metall (nullwertig). Quecksilber ist das einzige bei Zimmertemperatur flüssige Metall. Seine Legierungen nennt man „Amalgame". Die löslichen Quecksilberverbindungen, wie auch das freie Metall, sind starke Gifte.

Reaktionen des Quecksilber(I)-ions (Hg_2^{2+}).

Versuch Nr. 156. Man versetze Quecksilber(I)-nitratlösung mit Salzsäure. Es fällt ein weißer Niederschlag von Quecksilber(I)-chlorid („Kalomel"), Hg_2Cl_2, aus.

$$Hg_2(NO_3)_2 + 2\,HCl = Hg_2Cl_2\!\downarrow + 2\,HNO_3.$$

Auf Zusatz von Ammoniak-lösung färbt sich der Niederschlag schwarz; es entsteht ein Gemisch von fein verteiltem Quecksilber und weißem Amino-quecksilber(II)-chlorid, „Präzipitat", $Hg(NH_2)Cl$, („Disproportionierung").

$$Hg_2Cl_2 + 2\,NH_3 = Hg\!\downarrow + Hg(NH_2)Cl\!\downarrow + NH_4Cl.$$

[Empfindliche Reaktion auf Quecksilber(I)-ionen.]

Versuch Nr. 157. Man koche wenig Quecksilber(I)-nitratlösung mit der gleichen Menge konzentrierter Salpetersäure, bis keine braunen Dämpfe mehr entweichen. Das Quecksilber(I)-nitrat wird zu Quecksilber(II)-nitrat oxydiert. Ist die Oxydation vollständig, so gibt die Lösung auf Zusatz von Salzsäure keinen Niederschlag, da Quecksilber(II)-chlorid löslich ist.

$$Hg_2(NO_3)_2 + 4\,HNO_3 = 2\,Hg(NO_3)_2 + 2\,NO_2\!\uparrow + 2\,H_2O.$$

Reaktionen des Quecksilber(II)-ions (Hg^{2+}).

Versuch Nr. 158. Man versetze eine Lösung von Quecksilber(II)-chlorid („Sublimat") mit Ammoniak-lösung. Bei dieser Reaktion wirkt die Ammoniak-lösung nicht als Base, sondern es entsteht ein weißer Niederschlag von Amino-quecksilber(II)-chlorid (Präzipitat).

$$HgCl_2 + 2\,NH_3 = Hg(NH_2)Cl\!\downarrow + NH_4Cl.$$

Versuch Nr. 159. Man versetze Quecksilber(II)-chloridlösung mit Natronlauge. Es fällt ein gelber Niederschlag von Quecksilber(II)-oxyd aus (vgl. Vers. Nr. 48).

Versuch Nr. 160. Man leite in Quecksilber(II)-chloridlösung gasförmigen Schwefelwasserstoff ein. Zuerst fällt ein weißer, manchmal auch gelb-roter Niederschlag (Doppelsalz von $HgCl_2$ und HgS) aus, der aber bei längerem Einleiten von Schwefelwasserstoff in schwarzes Quecksilber(II)-sulfid, HgS, übergeht.

Versuch Nr. 161. Man versetze sehr wenig Quecksilber(II)-chlorid-lösung tropfenweise mit Kaliumjodid-lösung. Der zuerst entstehende gelbe, bald rot werdende Niederschlag von Quecksilber(II)-jodid, HgJ_2, löst sich auf weiteren Zusatz von Kaliumjodid-lösung zu komplexem Kalium-tetrajodo-merkurat(II), $K_2[HgJ_4]$, auf.

$$HgCl_2 + 2\,KJ = HgJ_2\!\downarrow + 2\,KCl;$$
$$HgJ_2 + 2\,KJ = K_2[HgJ_4].$$

Die mit Kalilauge stark alkalisch gemachte Lösung des Komplexsalzes findet als „Neßlers Reagens" Verwendung und dient zum Nachweis von Ammoniak (vgl. Vers. Nr. 106). — Man versetze die Lösung mit Kalilauge und gebe einen stark verdünnten Tropfen Ammoniak-lösung hinzu.

Versuch Nr. 162. a) Eine Messerspitze feingepulvertes Quecksilber(II)-chlorid wird mit $^1/_4$ Reagensglas Wasser geschüttelt: es tritt nur langsam und unvollständig Auflösung ein.

b) Eine Messerspitze feingepulvertes Quecksilber(II)-chlorid wird mit der doppelten Menge feingepulverten Natriumchlorids vermischt und ebenfalls mit $^1/_4$ Reagensglas Wasser geschüttelt: das Quecksilber(II)-chlorid löst sich schnell und vollständig auf, da es mit Natriumchlorid ein leicht lösliches Komplexsalz bildet: $HgCl_2 + 2\,NaCl = Na_2[HgCl_4]$. Die Lösung wirkt zwar schwächer desinfizierend als reine Sublimatlösung, aber noch völlig ausreichend.

Die käuflichen „Sublimatpastillen" bestehen wegen der leichteren Löslichkeit aus einem Gemisch von Sublimat und Kochsalz; sie sind, um Verwechslungen zu vermeiden, durch Eosin rot gefärbt.

8. Zinn und Blei.

Die Metalle Zinn und Blei treten in ihren Verbindungen zwei- und vierwertig auf. Die Hydroxyde, in denen das Metall in zweiwertigem Zustand vorliegt, haben amphoteren Charakter. Die Dioxyde, die vierwertiges Metall enthalten, sind Säureanhydride; so ist das Zinndioxyd das Anhydrid der Zinnsäure, H_4SnO_4, und das Bleidioxyd das Anhydrid der Bleisäure, H_4PbO_4. Die Salze der Zinnsäure heißen **Stannate**. Sie leiten sich meistens nicht von der Säure H_4SnO_4, sondern von der wasserärmeren Säure H_2SnO_3 ab, z. B. Na_2SnO_3, Natriummetastannat; die Salze der Bleisäure nennt man **Plumbate**.

a) **Zinn (Sn).**

Reaktionen des Zinn(II)-ions (Sn^{2+}).

Versuch Nr. 163. Man versetze Zinn(II)-chlorid-lösung tropfenweise mit Natronlauge. Der zuerst ausfallende Niederschlag von Zinn(II)-hydroxyd löst sich im Überschuß von

Natronlauge zu Natriumstannit auf (amphoterer Charakter, vgl. S. 45).

Versuch Nr. 164. Man versetze Zinn(II)-chlorid-lösung mit Salzsäure und gebe Schwefelwasserstoff-wasser hinzu. Es fällt braunes Zinn(II)-sulfid, SnS, aus, das in verdünnten Säuren unlöslich ist.

Man filtriere den braunen Niederschlag ab und übergieße ihn nach dem Auswaschen mit Wasser mit gelber Ammoniumsulfid-lösung, es tritt Auflösung ein.

$$SnS + (NH_4)_2S_2 = (NH_4)_2SnS_3 \text{ (Ammoniumthiostannat)}.$$

Durch konzentrierte Salzsäure wird das Sulfid wieder ausgefällt.

Versuch Nr. 165. Man versetze Quecksilber(II)-chloridlösung mit einer Lösung von Zinn(II)-chlorid. Das Zinn(II)-chlorid reduziert das Quecksilber(II)-chlorid zunächst zu weißem unlöslichen Quecksilber(I)-chlorid und weiterhin bis zu metallischem Quecksilber, das sich durch eine Graufärbung des Niederschlages bemerkbar macht; das Zinn(II)-chlorid geht dabei in Zinn(IV)-chlorid über.

$$2\,HgCl_2 + SnCl_2 = Hg_2Cl_2{\downarrow} + SnCl_4,$$
$$Hg_2Cl_2 + SnCl_2 = 2\,Hg{\downarrow} + SnCl_4.$$

Versuch Nr. 166. Man versetze eine Lösung von Zinn(II)-chlorid mit einigen Tropfen konzentrierter Salzsäure und einigen Körnchen Kaliumchlorat und erwärme. Das Zinn(II)-chlorid wird zu Zinn(IV)-chlorid oxydiert. Die erhaltene Lösung benutze man für die beiden folgenden Versuche.

$$KClO_3 + 6\,HCl = KCl + 3\,H_2O + 6\,\{Cl\}$$
$$3\,SnCl_2 + 6\,\{Cl\} = 3\,SnCl_4$$

$$\overset{2+}{3\,SnCl_2} + \overset{5+}{KClO_3} + 6\,HCl = \overset{4+}{3\,SnCl_4} + \overset{1-}{KCl} + 3\,H_2O.$$

Reaktionen des Zinn(IV)-ions (Sn^{4+}).

Versuch Nr. 167. Man leite in eine Zinn(IV)-chlorid-lösung Schwefelwasserstoff-Gas ein. Es fällt gelbes Zinn(IV)-sulfid, SnS_2, aus, das in verdünnten Säuren unlöslich ist.

Man filtriere den gelben Niederschlag ab und übergieße ihn nach dem Auswaschen mit Wasser mit Ammoniumsulfidlösung, es tritt Auflösung ein.

$$SnS_2 + (NH_4)_2S = (NH_4)_2SnS_3 \text{ (Ammoniumthiostannat)}.$$

Durch konzentrierte Salzsäure wird das Sulfid wieder ausgefällt.

Versuch Nr. 168. Man versetze Zinn(IV)-chlorid-lösung tropfenweise mit Natronlauge. Der zuerst ausfallende Niederschlag von **Zinnsäure**, H_2SnO_3, löst sich im Überschuß von Natronlauge zu **Natriummetastannat**, Na_2SnO_3, auf.

$$SnCl_4 + 4\,NaOH = H_2SnO_3\downarrow + 4\,NaCl + H_2O,$$
$$H_2SnO_3 + 2\,NaOH = Na_2SnO_3 + 2\,H_2O.$$

Versuch Nr. 169. Zu einer Spatelspitze eines **Zinn-salzes** gebe man in einer Porzellanschale einige Stückchen **Zink** und 5 ccm **Schwefelsäure**, der man einige Tropfen konzentrierter Säure hinzugefügt hat. In die Lösung taucht man ein mit kaltem Wasser halbgefülltes Reagensglas, zieht es heraus und hält es in die entleuchtete Flamme eines Bunsenbrenners. An der benetzten Glaswand entsteht eine blaue Fluoreszenz. Diese „Leuchtprobe" ist sehr empfindlich und gelingt mit kleinsten Mengen Zinnsalz.

b) **Blei** (Pb).

Versuch Nr. 170. Man versetze **Bleinitrat-lösung** tropfenweise mit **Natronlauge**. Der zuerst ausfallende Niederschlag von **Blei(II)-hydroxyd** löst sich im Überschuß von Natronlauge zu **Natriumplumbit** auf (amphoterer Charakter, vgl. S. 45). Diese Lösung stelle man für Versuch Nr. 175 zurück.

Versuch Nr. 171. Man versetze **Bleinitrat-lösung** mit **Schwefelwasserstoff-wasser**. Es fällt schwarzes **Bleisulfid**, PbS, aus, das in Säuren unlöslich ist.

Versuch Nr. 172. Man versetze **Bleinitrat-lösung** mit **Salzsäure**. Es fällt weißes **Bleichlorid** aus. Man füge zu der Fällung ein halbes Reagensglas Wasser hinzu und erhitze zum Sieden. Das Bleichlorid löst sich auf und kristallisiert beim Abkühlen der Lösung in Nädelchen wieder aus.

$$Pb(NO_3)_2 + 2\,HCl = PbCl_2\downarrow + 2\,HNO_3.$$

Versuch Nr. 173. Von der Mutterlauge, aus der im Vers. Nr. 172 die Bleichlorid-kristalle ausgeschieden waren, nehme man einen halben Kubikzentimeter und verdünne ihn auf das 5fache; dann füge man einige Tropfen **Kaliumjodid-lösung** hinzu, erhitze bis zur vollständigen Auflösung des zunächst gebildeten Niederschlags und lasse **langsam** abkühlen. In charakteristisch glänzenden, goldgelben Blättchen scheidet sich **Bleijodid** aus.

$$PbCl_2 + 2\,KJ = PbJ_2\downarrow + 2\,KCl.$$

Versuch Nr. 174. Man versetze **Bleinitrat-lösung** mit **Schwefelsäure**. Es fällt weißes **Bleisulfat** aus.

$$Pb(NO_3)_2 + H_2SO_4 = PbSO_4\downarrow + 2\,HNO_3.$$

Versuch Nr. 175. Man versetze Bleinitrat-lösung mit Natronlauge, bis eine klare Lösung von Natriumplumbit entstanden ist, und gebe dann Wasserstoffperoxyd hinzu. Das Wasserstoffperoxyd oxydiert das zweiwertige Blei zu dunkelbraunem Bleidioxyd, das sich in Flocken ausscheidet.

$$Na[Pb(OH)_3] + H_2O_2 = PbO_2\downarrow + NaOH + 2\,H_2O.$$

Versuch Nr. 176. Man erwärme eine Messerspitze „Mennige" (Pb_3O_4) mit Salpetersäure. Die rote Farbe der Mennige geht in braun über. Mennige ist das Blei(II)-salz der Bleisäure, H_4PbO_4, und wird durch Salpetersäure in braunes Blei(IV)-oxyd, das Anhydrid der Bleisäure, und Blei(II)-nitrat gespalten.

$$\overset{\text{II}}{Pb_2}(\overset{\text{IV}}{PbO_4}) + 4\,HNO_3 = 2\,\overset{\text{II}}{Pb}(NO_3)_2 + \overset{\text{IV}}{PbO_2}\downarrow + 2\,H_2O.$$

Versuch Nr. 177. Man mische etwas Bleisulfat mit wasserfreier Soda, bringe die Mischung in eine mit dem Messer auf einem Stück Holzkohle angebrachte Vertiefung und erhitze sie mit dem Lötrohr. Es entsteht metallisches Blei.

$$PbSO_4 + Na_2CO_3 = PbCO_3 + Na_2SO_4,$$
$$PbCO_3 = PbO + CO_2\uparrow,$$
$$2\,PbO + C = 2\,Pb + CO_2\uparrow.$$

(Reduktion eines Metalloxyds mit Kohle.)

9. Arsen, Antimon, Wismut.

Die Elemente Arsen, Antimon und Wismut treten in ihren Verbindungen drei- und fünfwertig auf. Sie bilden eine Übergangsgruppe zwischen den Nichtmetallen und den Metallen; das Arsen und das Antimon ähneln mehr den Nichtmetallen, und ihre Verbindungen schließen sich in ihren Eigenschaften den Stickstoff-, bzw. Phosphorverbindungen an, während das Wismut einen ausgesprochenen Metallcharakter besitzt. Arsen, Antimon und Wismut bilden Wasserstoffverbindungen von der Zusammensetzung AsH_3, SbH_3, BiH_3; dieselben sind also analog zusammengesetzt wie das Ammoniak, NH_3, und der Phosphorwasserstoff, PH_3. Arsen- und Antimonwasserstoff entstehen bei der Einwirkung von naszierendem Wasserstoff auf Arsen-, bzw. Antimonverbindungen. In der Hitze zerfallen sie in Arsen, bzw. Antimon und Wasserstoff; hierauf beruht der für die forensische Chemie wichtige Nachweis von Arsen und Antimon (Marshsche Probe).

a) Arsen (As).

Das Arsen(III)-oxyd, As_2O_3, löst sich sowohl in starken Säuren als auch in starken Basen auf.

Das Arsen(V)-oxyd, As_2O_5, ist das Anhydrid der Arsensäure, H_3AsO_4. Die Salze der Arsensäure nennt man Arsenate, z. B. K_3AsO_4, Kaliumarsenat.

Versuch Nr. 178. Man koche gepulvertes Arsen(III)-oxyd („Arsenik") einige Zeit mit Wasser, lasse dann das Ungelöste absitzen und gieße die darüber stehende klare Lösung ab („Dekantieren"). Die wäßrige Lösung enthält arsenige Säure, die durch Wasseranlagerung an das Arsen(III)-oxyd entstanden ist: $As_2O_3 + 3\,H_2O = 2\,H_3AsO_3$. — Den Rückstand im Reagensglase übergieße man mit konzentrierter Salzsäure und erwärme, er löst sich leicht auf. Die salzsaure Lösung enthält Arsen(III)-chlorid: $As_2O_3 + 6\,HCl = 2\,AsCl_3 + 3\,H_2O$.

Die wäßrige Lösung von arseniger Säure verteile man auf zwei Reagensgläser und benutze sie zu den beiden folgenden Versuchen:

a) Man versetze die Lösung mit viel Schwefelwasserstoff-wasser. Die Lösung färbt sich gelb, da das entstehende Arsen(III)-sulfid (As_2S_3) kolloid gelöst bleibt. Auf Zusatz von konzentrierter Salzsäure fällt das kolloide Arsen(III)-sulfid als gelber Niederschlag aus der Lösung aus (vgl. Vers. Nr. 96).

$$2\,H_3AsO_3 + 3\,H_2S = As_2S_3{\downarrow} + 6\,H_2O.$$

b) Man versetze die Lösung mit Silbernitrat-lösung und hierauf tropfenweise mit Ammoniak-lösung, bis ein gelber Niederschlag von Silberarsenit (Ag_3AsO_3) ausfällt. Der Niederschlag ist löslich in Salpetersäure und einem Überschuß von Ammoniak-lösung.

$$H_3AsO_3 + 3\,AgNO_3 + 3\,NH_3 = Ag_3AsO_3{\downarrow} + 3\,NH_4NO_3.$$

Die salzsaure Lösung von Arsen(III)-chlorid versetze man mit viel Schwefelwasserstoff-wasser. Es entsteht sofort ein gelber Niederschlag von Arsen(III)-sulfid (As_2S_3), der in verdünnten Säuren unlöslich ist. Man filtriere den Niederschlag ab und übergieße ihn mit Ammoniumsulfid-lösung, es tritt Auflösung ein.

$$As_2S_3 + 3\,(NH_4)_2S = 2\,(NH_4)_3AsS_3 \text{ (Ammoniumthioarsenit).}$$

Durch konzentrierte Salzsäure wird das Sulfid wieder ausgefällt.

Versuch Nr. 179. Man erwärme gepulvertes Arsen(III)-oxyd mit Natronlauge. Es tritt Auflösung ein, und die alkalische Lösung enthält Natriumarsenit.

$$As_2O_3 + 6\,NaOH = 2\,Na_3AsO_3 + 3\,H_2O.$$

Natriumarsenit ist das Natriumsalz der arsenigen Säure.

Versuch Nr. 180. Man koche wenig Arsen(III)-oxyd mit etwas konzentrierter Salpetersäure. Es entsteht Arsensäure, H_3AsO_4. Die klare Lösung verteile man auf zwei Reagensgläser und führe die bei der Phosphorsäure angegebenen Versuche Nr. 39 und 40 durch, wobei bei Versuch Nr. 39 nur einige Tropfen der bereiteten Arsensäure-lösung verwendet werden sollen. Es entstehen gleichartige Fällungen. Der Magnesium-ammonium-arsenat-Niederschlag, $Mg(NH_4)AsO_4$, wird abfiltriert, gut ausgewaschen und auf dem Filter mit Silbernitrat-lösung betupft. Es entsteht schokoladenfarbenes Silberarsenat (Ag_3AsO_4), das in Säuren und Ammoniak löslich ist.

(Unterschied gegenüber Phosphorsäure: Silberphosphat, Ag_3PO_4, ist gelb.)

Versuch Nr. 181. — Vereinfachte Marshsche Probe als Gruppenversuch unter dem Abzug oder im Freien auszuführen. — In ein Reagensglas gebe man einige Stückchen Zink, verdünnte Schwefelsäure, der man einige Tropfen konzentrierte Säure hinzugefügt hat, und wenige Tropfen Kupfersulfat-lösung. Hierzu fügt man die Lösung einer Arsen-verbindung. Das Reagensglas wird mit einem durchbohrten Stopfen verschlossen, durch den ein zu einer Spitze ausgezogenes Glasrohr (aus schwer schmelzbarem Glas) führt. Entzündet man den entweichenden Wasserstoff (um eine Knallgasexplosion zu vermeiden erst nach einiger Zeit!), so verbrennt der entstandene Arsenwasserstoff, AsH_3, mit fahlblauer Flamme unter Bildung eines weißen Rauches von Arsen(III)-oxyd. Hält man in die Flamme eine kalte Porzellanschale, so bildet sich ein schwarzer Fleck von metallischem Arsen, der sich in alkalischer H_2O_2-Lösung oder in NaClO-Lösung löst.

$$AsCl_3 + 6\,H = AsH_3\uparrow + 3\,HCl,$$
$$2\,AsH_3 = 2\,As + 3\,H_2$$
$$2\,As + 6\,NaOH + 5\,H_2O_2 = 2\,Na_3AsO_4 + 8\,H_2O.$$

Die Marshsche Probe dient in der forensischen Chemie zum Nachweis von Arsenikvergiftungen. Im Ernstfall muß stets durch einen Versuch ohne Arsenlösung festgestellt werden, daß die verwendeten Reagenzien selbst völlig frei von Arsen sind (Blindversuch).

b) Antimon (Sb).

Das Antimon(III)-oxyd, Sb_2O_3, löst sich in starken Säuren und starken Basen auf.

$$Sb_2O_3 + 6\,HCl\ \ \ = 3\,H_2O + 2\,SbCl_3 \text{ (Antimon(III)-chlorid)}.$$
$$Sb_2O_3 + 6\,NaOH = 3\,H_2O + 2\,Na_3SbO_3 \text{ (Natriumantimonit)}.$$

Das Natriumantimonit ist das Natriumsalz der antimonigen Säure, H_3SbO_3.

Das Antimon(V)-oxyd, Sb_2O_5, ist das Anhydrid der Hexahydroxo-antimonsäure $H[Sb(OH)_6]$. Das Natriumsalz, $Na[Sb(OH)_6]$, ist eines der wenigen schwer löslichen Natriumsalze.

Versuch Nr. 182. Man erwärme Antimon(III)-oxyd mit konzentrierter Salzsäure und teile die erhaltene klare salzsaure Lösung von Antimon(III)-chlorid (eventuell filtrieren) in zwei Teile.

a) Man versetze den einen Teil der Lösung mit Wasser; es fällt ein weißer Niederschlag von Antimonylchlorid, (SbO)Cl, aus (Hydrolyse, vgl. Vers. Nr. 68). (Den einwertigen Rest —(SbO) nennt man „Antimonyl".)

$$SbCl_3 + H_2O = (SbO)Cl\downarrow + 2\ HCl.$$

Der Niederschlag wird hierauf mit Weinsäure-lösung und Kalilauge versetzt, er löst sich unter Bildung von Kaliumantimonyltartrat, $KOOC(CHOH)_2COO(SbO)$, („Brechweinstein") auf.

b) Man versetze den zweiten Teil der Lösung mit Schwefelwasserstoff-wasser. Es fällt ein orangeroter Niederschlag von Antimon(III)-sulfid, Sb_2S_3, aus, der in verdünnten Säuren unlöslich ist. Man filtriere den Niederschlag ab und übergieße ihn mit Ammoniumsulfid-lösung, es tritt Auflösung ein.

$$Sb_2S_3 + 3\ (NH_4)_2S = 2\ (NH_4)_3SbS_3\ (\text{Ammoniumthioantimonit}).$$

Durch konzentrierte Salzsäure wird das Sulfid wieder ausgefällt.

Versuch Nr. 183. Man wiederhole die Marshsche Probe unter Verwendung der Lösung einer Antimon-verbindung. Der an der Porzellanschale erzeugte schwarze Fleck von metallischem Antimon löst sich nicht in alkalischer H_2O_2- oder NaClO-Lösung auf.

c) Wismut (Bi).

Das Wismut (III)-oxyd, Bi_2O_3, löst sich nur in starken Säuren auf: $Bi_2O_3 + 6\ HCl = 2\ BiCl_3 + 3\ H_2O.$ — Verbindungen, die sich von fünfwertigem Wismut ableiten, kommen nur selten vor.

Versuch Nr. 184. Man versetze Wismutnitrat-lösung mit Schwefelwasserstoff-wasser. Es fällt ein braunschwarzer Niederschlag von Wismutsulfid, Bi_2S_3, aus, der in verdünnten Säuren unlöslich ist.

Versuch Nr. 185. Man versetze Wismutnitrat-lösung mit Wasser. Es fällt allmählich ein weißer Niederschlag von basischem Wismutnitrat („Bismutum subnitricum"), $(BiO)NO_3$, aus (Hydrolyse vgl. Vers. Nr. 68).

$$Bi(NO_3)_3 + H_2O = (BiO)NO_3\downarrow + 2\ HNO_3.$$

N. Qualitative Analyse.

Die Aufgabe der qualitativen Analyse ist es, zu ermitteln, welche Stoffe in einer unbekannten Substanz vorhanden sind.

Tabelle I. Prüfung

1. Gruppenreagens: Salzsäure	2. Gruppenreagens: Schwefelwasserstoff	
Die Lösung der Substanz wird mit HCl versetzt. Entsteht kein Nd., so prüfe man sofort mit dem 2. Gruppenreagens. — Ein Nd., der aus AgCl (weiß), Hg_2Cl_2 (weiß) oder $PbCl_2$ (weiß) bestehen kann, wird abfiltriert und ausgewaschen.	Eine Probe des Filtrats der HCl-Gruppe wird mit H_2S-Wasser versetzt. Entsteht kein Nd., so prüfe man sofort mit dem 3. Gruppenreagens. — Entsteht ein Nd., so leite man in die gesamte Lösung gasförmigen H_2S ein. — Der Nd., der aus PbS[1] (schwarz), HgS (schwarz), CuS (schwarz), Bi_2S_3 (braunschwarz), As_2S_3 (gelb), Sb_2S_3 (orangerot) oder SnS (braun) bestehen kann, wird abfiltriert und ausgewaschen.	
Löst er sich in viel heißem Wasser auf:....... Pb^{2+}. Ist er unlöslich, so übergieße man mit Ammoniak, der Nd. löst sich: ..Ag^+, der Nd. färbt sich schwarz ....Hg_2^{2+}.	Besteht der Nd. nur aus hell gefärbten Sulfiden, so wird eine Probe mit $(NH_4)_2S$ übergossen: löst er sich vollständig, so können nur As, Sb oder Sn anwesend sein[2]. Darauf wird der gesamte Nd. mit wenig konz. HCl im Reagensglas erwärmt, ungelöst bleibt As_2S_3. Die Lösung enthält $SbCl_3$ oder $SnCl_2$; zum Nachweis wird die Hauptmenge der HCl verkocht und ein Eisendraht hinzugegeben: er färbt sich schwarz ....Sb^{3+}; tritt keine Reaktion ein, fügt man $HgCl_2$-Lösung hinzu; weißer oder grauer Nd...............Sn^{2+}; der Rückstand wird mit wenig konz. HNO_3 gelöst, zum Nachweis fügt man $MgCl_2$ und NH_3 hinzu, weißer Nd........As^{3+}.	Ist der Nd. schwarz oder braunschwarz, so kann er bestehen aus: PbS, HgS, CuS oder Bi_2S_3. Er wird in möglichst wenig konzentr. HNO_3 und konzentr. HCl gelöst, filtriert und die Lösung auf 3 Reagensgläser verteilt. Man verdünne mit Wasser und versetze mit: 1. $SnCl_2$-Lösung: grauer Nd.: Hg^{2+}. 2. H_2SO_4: weißer Nd.: ..Pb^{2+}. 3. Ammoniak: blaue Lösung: ....Cu^{2+}, weißer Nd. Bi^{3+}.

[1] Die Fällung von Pb^{2+} ist in der Salzsäure-gruppe nicht vollständig.

[2] Diese Probe mit $(NH_4)_2S$ ist notwendig, da insbesondere das HgS oft nicht schwarz, sondern auch als heller Nd. ausfallen kann. Bei dieser Probe würde es aber sofort schwarz werden. In diesem Falle erfolgt die Weiterverarbeitung nach der nebenstehenden Spalte.

auf Metall-ionen.

3. Gruppenreagens: Ammoniumsulfid	4. Gruppenreagens: Ammoniumcarbonat	5. Gruppe
Eine Probe des Filtrats[1] wird ammoniakalisch gemacht und mit NH_4Cl- und $(NH_4)_2S$-Lösung versetzt. Entsteht keine Fällung, so prüfe man sofort mit dem 4. Gruppenreagens. — Entsteht ein Nd., so füge man zur gesamten Lösung NH_3, NH_4Cl und $(NH_4)_2S$ hinzu. Ein Nd. kann bestehen aus: FeS (schwarz), MnS (rosa), ZnS (weiß), $Al(OH)_3$ (weiß) oder $Cr(OH)_3$ (grün). Der Nd. wird abfiltriert und ausgewaschen. Eine Probe des Nd. wird mit einem Gemisch von Soda und Salpeter auf der Magnesiarinne geschmolzen: grüne Schmelze: .... $\mathbf{Mn^{2+}}$, gelbe Schmelze: ...... $\mathbf{Cr^{3+}}$. Sind diese nicht vorhanden, so löse man den Nd. in verd. HCl und verteile die Lösung auf zwei Reagensgläser. 1. Mit einem Tropfen konz. HNO_3 aufkochen und mit gelbem Blutlaugensalz versetzen: blauer Nd.: ..... $\mathbf{Fe^{3+}}$. 2. Durch kräftiges Kochen von H_2S befreien, dann mit reichlich NH_3 versetzen: weißer Nd.: ..... $\mathbf{Al^{3+}}$; entsteht kein Nd., Lösung mit H_2S-Wasser versetzen: weißer Nd.: .... $\mathbf{Zn^{2+}}$.	Eine Probe des Filtrats wird mit $(NH_4)_2CO_3$, NH_3 und, falls noch nicht in der Lösung enthalten, NH_4Cl versetzt. Entsteht kein Nd., so prüfe man auf die Metalle der 5. Gruppe. - Entsteht ein Nd., so versetze man die gesamte Lösung mit $(NH_4)_2CO_3$. Ein Nd., der aus $CaCO_3$ (weiß) oder $BaCO_3$ (weiß) bestehen kann, wird abfiltriert, in Essigsäure gelöst und mit Kaliumchromat - lösung versetzt: gelber Nd.: .... $\mathbf{Ba^{2+}}$. Entsteht kein Nd., so füge man Na_2SO_4 - lösung hinzu: weißer Nd.: ..... $\mathbf{Ca^{2+}}$.	Das Filtrat kann noch enthalten: Mg^{2+}, K^+ oder Na^+. Ein Teil der Lösung wird ammoniakalisch gemacht, mit NH_4Cl und Natriumphosphatlösung versetzt: weißer Nd.: .... $\mathbf{Mg^{2+}}$. Zur Prüfung auf die Alkalimetalle wird ein ausgeglühter Magnesiastab mit der Lösung befeuchtet und in die Flamme gebracht: intensiv gelbe Färbung: .... $\mathbf{Na^+}$, beim Betrachten durch ein Kobaltglas: karminrote Flamme: .... $\mathbf{K^+}$.

[1] Ist Arsen in der Analyse nachgewiesen, so kann die Substanz nicht in der in Tabelle II angegebenen Weise im Sodaauszug auf Phosphorsäure geprüft werden, da bei der Probe mit Ammoniummolybdat Arsensäure eine gleichartige Fällung ergeben würde. Man prüfe bei Anwesenheit von Arsen deshalb eine Probe des Filtrats der H_2S-Fällung, indem man zunächst H_2S verkocht und dann mit HNO_3 und Ammoniummolybdat wie in Tabelle II prüft.

Tabelle II.

Prüfung auf Säuren		Prüfung auf Ammonium
Prüfung auf Kohlensäure	Prüfung auf Salzsäure, Schwefelsäure, Salpetersäure und Phosphorsäure	

Prüfung auf Kohlensäure	Prüfung auf Salzsäure, Schwefelsäure, Salpetersäure und Phosphorsäure				Prüfung auf Ammonium
Eine Substanzprobe wird mit HCl übergossen. Tritt eine Gasentwicklung auf, so führe man einen an einem Glasstab befindlichen Barytwassertropfen ein: Trübung: ...CO_3^{2-}.	Da die Schwermetalle im allgemeinen bei den Säureprüfungen stören, müssen diese entfernt werden. Man koche eine Substanzprobe mit Sodalösung auf, filtriere einen entstandenen Nd. ab und verteile das Filtrat („Sodaauszug") auf 4 Reagensgläser.				Eine Substanzprobe wird auf einem Uhrglas mit NaOH übergossen und sofort mit einem zweiten Uhrglas, Wölbung nach oben, bedeckt, in dessen Innenseite man zuvor ein Stückchen angefeuchtetes rotes Lackmuspapier durch Andrücken befestigt hat. Bläuung des roten Lackmuspapiers: ...NH_4^+.
	Prüfung auf				
	Salzsäure:	Schwefelsäure:	Phosporsäure[1]:	Salpetersäure:	
	Mit verd. HNO_3 ansäuern und $AgNO_3$-Lösung hinzufügen: Weißer käsiger Nd.: ....Cl^-.	Mit verd. HNO_3 ansäuern und $BaCl_2$-Lösung hinzugeben: Weißer Nd.: ....SO_4^{2-}.	Mit verd. HNO_3 ansäuern, konz. HNO_3 und Ammoniummolybdat-lösung hinzufügen: Beim Erwärmen gelber Nd.: .....PO_4^{3-}.	Mit verd. H_2SO_4 ansäuern, $FeSO_4$-Lösung hinzugeben und mit konz. H_2SO_4 unterschichten: Brauner Ring an der Grenze: .....NO_3^-	

[1] Bei Anwesenheit von Arsen kann der Nachweis von Phosphorsäure nicht aus dem Soda-Auszug erfolgen, sondern man benutze dazu das Filtrat der H_2S-Gruppe (vgl. Tabelle I, Anm.).

Bei Salzgemischen ist diese Aufgabe vielfach nicht eindeutig zu lösen. So zerfällt z. B. ein in Wasser gelöstes Gemisch von Zinksulfat und Natriumchlorid in Zink-, Natrium-, Sulfat- und Chlorionen; durch die qualitative Analyse kann nun zwar mit Hilfe geeigneter Reaktionen das Vorhandensein dieser Ionen nachgewiesen, es kann aber nicht ohne weiteres entschieden werden, ob die ursprüngliche Substanz ein Gemisch aus Zinksulfat und Natriumchlorid oder aus Zinkchlorid und Natriumsulfat ist. Das Resultat dieser Analyse kann daher nur wie folgt angegeben werden: Gefunden: Zn^{2+}, Na^+, SO_4^{2-}, Cl^-.

Der folgende Analysengang berücksichtigt nur die wichtigsten Metalle und Säuren, sowie die Ammoniumverbindungen.

1. Prüfung auf Metallionen.

1. Auflösen der Substanz. Je eine geringe Menge der zu analysierenden Substanz wird in verschiedenen Reagensgläsern mit etwas Wasser, verdünnter Salzsäure und konzentrierter Salzsäure versetzt und gekocht. Das erste in der Reihe der angeführten Lösungsmittel, in dem sich die Analysensubstanz völlig klar auflöst, ist das geeignete; in ihm wird für den Analysengang in einem Erlenmeyerkolben[1] eine Messerspitze der Substanz aufgelöst (man versuche mit möglichst wenig Lösungsmittel auszukommen). Erfolgte die Auflösung in konzentrierter Salzsäure, so ist die Lösung vor den weiteren Operationen auf das Drei- bis Fünffache mit Wasser zu verdünnen.

2. Analysengang. Zur Trennung der Metalle in fünf große Gruppen dienen die vier Gruppenreagenzien HCl, H_2S, $(NH_4)_2S$ und $(NH_4)_2CO_3$, deren Anwendung wie folgt geschieht: Man versetzt die Lösung der Substanz zunächst mit dem ersten Gruppenreagens. Ist hierbei eine Fällung eingetreten, so wird diese abfiltriert und das Filtrat durch erneuten Zusatz des Gruppenreagens geprüft, ob die Fällung vollständig („quantitativ") ist; ist sie nicht quantitativ, d. h. entsteht abermals eine Fällung, so wird dieselbe ebenfalls abfiltriert und mit der ersten vereinigt. Erst dann wird das Filtrat mit dem zweiten Gruppenreagens versetzt. Entsprechend wird auch im weiteren Analysengang verfahren: bevor ein neues Gruppenreagens verwendet wird, muß durch das vorhergehende stets alles Ausfällbare gefällt sein!

---

[1] Auch die folgenden Fällungen werden in Erlenmeyerkolben vorgenommen.

In dem Falle, daß eine Gruppe überhaupt nicht vorhanden ist, ist es unzweckmäßig, die ganze Lösung mit dem betreffenden Gruppenreagens zu versetzen. Man prüfe deshalb immer erst eine Probe der Lösung. Tritt hierbei eine Fällung ein, so wird die ganze Lösung mit dem Gruppenreagens behandelt, andernfalls wird die Probe verworfen, und man geht sofort zur Prüfung mit dem nächsten Gruppenreagens über.

Die durch Fällung mit den Gruppenreagenzien erhaltenen Niederschläge, die man, wie bereits erwähnt, abfiltriert, werden gut mit Wasser ausgewaschen (das ablaufende Waschwasser wird verworfen) und dann einzeln nach Tabelle I daraufhin untersucht, welches von den Metallen dieser Gruppe vorhanden ist. Man darf aber aus der Farbe einer Fällung durch das Gruppenreagens noch keinen bindenden Schluß ziehen — also etwa von einem gelben Nd. mit H_2S auf Arsen —, da oft Störungen auftreten können, sondern muß in jedem Falle eine Identitätsprobe durchführen. Erst bei positivem Ausfall dieser Probe darf man auf die Anwesenheit des Elements schließen. — Die zur Analyse ausgegebenen Substanzen enthalten nicht mehr als ein Metall in jeder Gruppe.

2. Prüfung auf Anionen und das Ammoniumion.

Die Prüfung auf Anionen und auf das Ammoniumion kann nicht wie die Prüfung auf Kationen in einem fortlaufenden Analysengang erfolgen. Es muß vielmehr nach Tabelle II auf diese Ionen einzeln geprüft werden.

O. Quantitative Analyse.

(Maßanalyse.)

Bei der quantitativen Analyse handelt es sich um die Bestimmung der Menge eines Stoffes, die in einem Gemisch oder einer Lösung vorhanden ist. Hierbei unterscheidet man zwei grundsätzlich verschiedene Methoden: die „Gewichts-“ und die „Maßanalyse“.

Will man z. B. die Menge Salzsäure bestimmen, die in einer Lösung vorhanden ist, so kann man einerseits durch Hinzufügen von Silbernitrat-lösung die vorhandenen Chlorionen als unlösliches Silberchlorid ausfällen, dieses abfiltrieren und nach dem Trocknen zur Wägung bringen. Aus der erhaltenen Silberchloridmenge läßt sich dann die ursprünglich vorhanden gewesene Menge

Salzsäure berechnen („Gewichtsanalyse")[1]. Anderseits kann man auch in der Weise verfahren, daß man zu der Salzsäure-lösung einen „Indikator" (vgl. S. 12) hinzugibt, und dann tropfenweise Natronlauge, deren Gehalt („Titer") an Natriumhydroxyd man kennt, hinzufließen läßt, bis alle Säure neutralisiert und die Farbe des Indikators gerade umgeschlagen ist; in diesem Punkte ist so viel Natronlauge verbraucht, wie zur Neutralisation der vorhandenen Salzsäure notwendig ist. Aus der Anzahl der verbrauchten Kubikzentimeter Natronlauge läßt sich dann der Salzsäuregehalt der Lösung berechnen („Maßanalyse" oder „Titration").

Zur Bestimmung des Verbrauches der Lösungen von bekanntem Gehalt („Maß-lösungen") läßt man dieselben aus graduierten Glasrohren („Büretten"), die unten mit einem Hahn verschlossen sind, ausfließen und liest den Flüssigkeitsstand vor und nach der Titration ab.

Die in der Maßanalyse gebräuchlichen Maß-lösungen sind meist „normal" oder „$^1/_{10}$-normal". Eine „Normal-lösung" enthält im Liter ein Grammäquivalent = 1 Val des betreffenden Stoffes gelöst, d. h. soviel, wie einem Grammatom = 1,008 g Wasserstoff im Wirkungswert entspricht. — Eine $^1/_{10}$-normale Lösung enthält entsprechend $^1/_{10}$-Grammäquivalent im Liter.

1. Neutralisationsverfahren.
(Acidimetrie und Alkalimetrie.)

Zu den Neutralisationsverfahren rechnet man die maßanalytischen Methoden, bei denen eine Säure durch eine Base bzw. umgekehrt, eine Base durch eine Säure neutralisiert wird:

$$HX + MeOH = MeX + H_2O.$$

Die verwendeten Maßlösungen, normale Säuren bzw. Basen, enthalten ein Grammäquivalent Säure bzw. Base in einem Liter Lösung, d. h. in diesem Falle: die Lösungen enthalten 1,008 g Säurewasserstoff bzw. 17,008 g Basenhydroxyl im Liter; das Grammäquivalent ist demnach das Molekulargewicht der Säure bzw. Base in Grammen, dividiert durch die Zahl der reaktionsfähigen Wasserstoffatome bzw. Hydroxylgruppen.

---

[1] In 143,4 g (= 1 Mol) Silberchlorid sind 35,5 g (= 1 Grammatom) Chlor enthalten; das entspricht 36,5 g (= 1 Mol) Salzsäure. Sind nun bei einer Gewichtsanalyse z. B. 0,493 g Silberchlorid gewogen worden, so ergibt sich die vorhanden gewesene Menge Salzsäure aus der Beziehung:
Mol-Gew. AgCl : Mol.-Gew. HCl = gef. Menge AgCl : ges. Menge HCl
143,4 : 36,5 = 0,493 : x

$$X = \frac{36,5 \times 0,493}{143,4} = 0,125 \text{ g HCl.}$$

Eine normale Säurelösung liegt also vor, wenn z. B.

36,5 g Chlorwasserstoff (einbasische Säure),

$^1/_2$. 98,1 g Schwefelsäure (zweibasische Säure) oder

$^1/_3$. 98,0 g Phosphorsäure (dreibasische Säure)

in einem Liter Lösung enthalten sind. Entsprechend liegt eine normale Basenlösung vor, wenn z. B.

40,0 g Natriumhydroxyd (einsäurige Base) oder

$^1/_2$. 171,4 g Bariumhydroxyd (zweisäurige Base)

in einem Liter Lösung enthalten sind.

Gleiche Raumteile von Säure- und Basenlösungen gleicher Normalität neutralisieren sich selbstverständlich genau.

Bestimmung des Salzsäure-gehaltes einer Lösung.

1. **Füllen der Bürette:** Die gut gesäuberte Bürette muß vor dem ersten Einfüllen der Maßlösung mit derselben ausgespült werden, da sonst der Titer der Maßlösung sich ändern könnte, z. B. wenn die Bürette feucht ist. Hierauf wird die Maßlösung bis eben über die Nullmarke der Bürette eingefüllt und durch Öffnen des Bürettenhahns bis zur Nullmarke abgelassen. Beim Ablesen des Flüssigkeitsstandes in der Bürette wird der untere Rand des Meniskus — Auge in Meniskus-höhe — der Ablesung zugrunde gelegt. Man achte darauf, daß sich auch das Abflußrohr der Bürette völlig mit der Maßlösung füllt und an dieser Stelle keine Luftblasen hängen bleiben. — Für die folgende Titration der Salzsäure wird die Bürette mit $^1/_{10}$-normaler Natronlauge gefüllt.

2. **Titration:** Die zu titrierende Lösung wird in einem weithalsigen Erlenmeyer-Kolben mit Wasser auf etwa 200 ccm verdünnt und mit einem Tropfen Phenolphthalein-lösung als Indikator versetzt. Hierauf läßt man unter beständigem Umschütteln $^1/_{10}$-normale Natronlauge aus der Bürette zu der Lösung tropfenweise hinzufließen, bis deren Farbe plötzlich in Rot umschlägt, und liest den Verbrauch an Natronlauge ab.

3. **Berechnung:** Wäre genau 1 Liter $^1/_{10}$-normaler Natronlauge verbraucht worden, so hätte die titrierte Lösung $^1/_{10}$-Grammäquivalent Salzsäure (= 3,65 g HCl) enthalten. 1 ccm der $^1/_{10}$-normalen Natronlauge zeigt demnach $\dfrac{3,65}{1000} = 0,00365$ g Salzsäure an. — Die Anzahl der verbrauchten Kubikzentimeter $^1/_{10}$-normaler Natronlauge multipliziert mit 0,00365 ergibt die Menge Salzsäure in Grammen, die in der titrierten Lösung enthalten ist.

Ganz entsprechend können andere Säure- und auch Basen-lösungen titriert werden.

2. Oxydationsverfahren.

a) Manganometrie.

Hierher gehören die maßanalytischen Methoden, bei denen ein Stoff durch Kaliumpermanganat-lösung (vgl. Vers. Nr. 147) oxydiert wird. Das Kaliumpermanganat gibt in saurer Lösung gemäß der Gleichung:

$$2\,KMnO_4 + 3\,H_2SO_4 = K_2SO_4 + 2\,MnSO_4 + 3\,H_2O + 5\,O$$

Sauerstoff leicht an oxydierbare Stoffe ab. Eine normale Kalium-permanganat-lösung liegt dann vor, wenn von einem Liter Lösung 1 Grammäquivalent $= 8{,}00$ g Sauerstoff abgegeben werden, das ist die Menge Sauerstoff, die $1{,}008$ g Wasserstoff zu oxydieren vermag. — Nach der Gleichung werden von 2 Gramm-Molekülen Kaliumpermanganat 5 Grammatome, das sind 10 Grammäqui-valente Sauerstoff abgegeben (Sauerstoff = zweiwertig). Eine normale Kaliumpermanganat-lösung enthält demnach $\dfrac{2\,KMnO_4}{10} =$

$$= \frac{KMnO_4}{5} = \frac{158{,}0}{5} = 31{,}6 \text{ g } KMnO_4 \text{ in einem Liter Lösung.}$$

Bestimmung des Eisengehaltes einer Eisen(II)-sulfat-lösung.

1. Füllen der Bürette: Das Füllen der Bürette mit $^1/_{10}$-normaler Kaliumpermanganat-lösung geschieht wie im vorher-gehenden Abschnitt angegeben wurde. — Da die Kaliumper-manganat-lösung dunkel gefärbt ist, wird beim Ablesen des Flüssigkeitsstandes der obere, gerade Rand des Meniskus der Ablesung zugrunde gelegt.

2. Titration: Die zu titrierende Eisen(II)-sulfat-lösung wird in einem weithalsigen Erlenmeyer-Kolben mit Wasser auf etwa 50 ccm verdünnt und mit viel Schwefelsäure versetzt. Hierauf läßt man unter beständigem Umschütteln $^1/_{10}$-normale Kaliumpermanganat-lösung aus der Bürette tropfenweise zu der Lösung hinzufließen, bis sie bleibend schwach rot gefärbt ist, und liest den Verbrauch an Kaliumpermanganat-lösung ab.

3. Berechnung: Aus der Reaktionsgleichung: $2\,FeSO_4 + H_2SO_4 + O = Fe_2(SO_4)_3 + H_2O$ ergibt sich, daß ein Gramm-atom Sauerstoff zwei Gramm-Moleküle Eisen(II)-sulfat $(= 2$ Grammatome Eisen $= 2 \times 55{,}8$ g Eisen$)$ oxydiert; ein Grammäquivalent Sauerstoff oxydiert also ein Grammatom Eisen.

Ein Liter einer $^1/_{10}$-normalen Kaliumpermanganat-lösung oxydiert demnach $^1/_{10}$-Grammatom $= 5{,}58$ g Eisen, so daß 1 ccm der $^1/_{10}$-normalen Kaliumpermanganat-lösung $\dfrac{5{,}58}{1000} = 0{,}00558$ g Eisen anzeigt. Die Anzahl der verbrauchten Kubikzentimeter $^1/_{10}$-normaler Kaliumpermanganat-lösung multipliziert mit $0{,}00558$ ergibt die Menge Eisen in Grammen, die in der titrierten Eisen(II)-sulfat-lösung enthalten ist.

b) Jodometrie.

Die jodometrischen Verfahren lassen sich in zwei Gruppen einteilen. Es können erstens oxydierend wirkende Stoffe dadurch titrimetrisch bestimmt werden, daß man sie mit einer angesäuerten Kaliumjodid-lösung umsetzt, und das ausgeschiedene Jod entsprechend der Gleichung: $2\,Na_2S_2O_3 + J_2 = 2\,NaJ + Na_2S_4O_6$ (vgl. Vers. Nr. 70) mit Natriumthiosulfat-lösung titriert. Der Endpunkt der Reaktion wird daran erkannt, daß die durch hinzugefügte Stärkelösung hervorgerufene Blaufärbung (Jodstärke, vgl. Vers. Nr. 274) der Lösung verschwindet, sobald ein Tropfen Natriumthiosulfat-lösung im Überschuß vorhanden ist. Zweitens können die Stoffe titrimetrisch bestimmt werden, die sich durch Jodlösung (Auflösung von elementarem Jod in Kaliumjodidlösung) oxydieren lassen. Der Endpunkt der Titration wird dadurch angezeigt, daß nach dem Versetzen mit Stärkelösung der erste Tropfen Jodlösung im Überschuß eine Blaufärbung durch Jodstärke hervorruft.

Eine normale Jodlösung liegt dann vor, wenn in einem Liter Lösung 1 Grammäquivalent $= 126{,}9$ g Jod enthalten sind; eine normale Natriumthiosulfat-lösung enthält die einem Grammäquivalent Jod entsprechende Menge Natriumthiosulfat, also 1 Gramm-Molekül $= 248{,}2$ g Natriumthiosulfat ($Na_2S_2O_3 \cdot 5\,H_2O$) in einem Liter Lösung. — Gleiche Raumteile von Jod- und Natriumthiosulfat-lösung gleicher Normalität entsprechen einander.

a) Bestimmung des Chlorgehalts in Chlorwasser.

1. Füllen der Bürette: Das Füllen der Bürette mit $^1/_{10}$-normaler Natriumthiosulfat-lösung geschieht wie angegeben. — Bei der Ablesung des Flüssigkeitsstandes in der Bürette wird der untere Rand des Meniskus der Ablesung zugrunde gelegt.

2. Titration: Das zu titrierende Chlorwasser wird mit ungefähr 50 ccm Wasser in etwa 10 ccm 10%ige Kaliumjodidlösung, die sich in einem weithalsigen Erlenmeyer-Kolben

befinden, hineingespült und die Mischung mit einigen Kubikzentimetern verdünnter Schwefelsäure angesäuert. Das Chlor oxydiert die beim Ansäuern entstehende Jodwasserstoffsäure zu Jod, und die Lösung färbt sich braun. Die Lösung wird nun mit $^1/_{10}$-normaler Natriumthiosulfat-lösung, die man aus der Bürette zufließen läßt, titriert, bis sie nur noch schwach gelb gefärbt ist, und hierauf mit Stärkelösung versetzt. Es wird dann unter beständigem Umschütteln tropfenweise mit der Natriumthiosulfat-lösung weiter titriert, bis die durch Jodstärke blau gefärbte Lösung gerade farblos geworden ist, und der Verbrauch an Natriumthiosulfat-lösung abgelesen.

3. **Berechnung**: Aus der Reaktionsgleichung: $Cl_2 + 2\,HJ =$ $= 2\,HCl + J_2$ ergibt sich, daß ein Grammatom Chlor ($= 35{,}5\,g$ Chlor) ein Grammatom Jod freimacht. Wäre für die Titration genau 1 Liter $^1/_{10}$-normaler Natriumthiosulfat-lösung verbraucht worden, so wäre $^1/_{10}$-Grammäquivalent ausgeschiedenes Jod vorhanden gewesen; dieser Menge Jod entspricht $^1/_{10}$-Grammäquivalent $= 3{,}55\,g$ Chlor. Ein Kubikzentimeter der $^1/_{10}$-normalen Natriumthiosulfat-lösung zeigt demnach $\dfrac{3{,}55}{1000} = 0{,}00355\,g$ Chlor an. Die Anzahl der verbrauchten Kubikzentimeter $^1/_{10}$-normaler Natriumthiosulfat-lösung multipliziert mit 0,00355 ergibt die Menge Chlor in Grammen, die in der unbekannten Lösung enthalten ist.

b) Bestimmung des Arsengehalts in einer Lösung von arseniger Säure.

1. **Füllen der Bürette**: Das Füllen der Bürette mit $^1/_{10}$-normaler Jodlösung geschieht wie angegeben. Da die verwendete Maßlösung dunkel gefärbt ist, wird der obere, gerade Rand des Meniskus der Ablesung zugrunde gelegt.

2. **Titration**: Die zu titrierende Lösung wird mit Wasser in einen weithalsigen Erlenmeyer-Kolben gespült, mit viel Natriumhydrogencarbonat- und einigen Kubikzentimetern Stärkelösung versetzt und mit $^1/_{10}$-normaler Jodlösung, die man aus der Bürette tropfenweise zufließen läßt, unter kräftigem Schütteln titriert. Sobald die Lösung sich blau färbt, ist die Titration beendet, und es wird der Verbrauch an Jodlösung abgelesen.

3. **Berechnung**: Entsprechend der Gleichung: $H_3AsO_3 +$ $+ H_2O + 2\,J = H_3AsO_4 + 2\,HJ$ wird die arsenige Säure durch Jod zu Arsensäure oxydiert, der entstehende Jodwasserstoff wird durch Natriumhydrogencarbonat gebunden. Zwei Grammatome Jod oxydieren ein Mol arsenige Säure, was einem Gramm-

atom Arsen entspricht. Wäre für die Titration genau 1 Liter $^1/_{10}$-normaler Jodlösung verbraucht worden, so wäre $^1/_{20}$ Gramm-atom Arsen $= \dfrac{74,9}{20} = 3,745$ g Arsen vorhanden gewesen. Ein Kubikzentimeter der $^1/_{10}$-normalen Jodlösung zeigt demnach $\dfrac{3,745}{1000} = 0,003745$ g Arsen an. Die Anzahl der verbrauchten Kubikzentimeter $^1/_{10}$-normaler Jodlösung multipliziert mit 0,003745 ergibt die Menge Arsen in Grammen, die in Form von arseniger Säure in der unbekannten Lösung enthalten ist.

Organischer Abschnitt.

Einige theoretische Vorbemerkungen.

Die organische Chemie ist die Chemie der Kohlenstoffverbindungen. Der Kohlenstoff ist fast ausschließlich vierwertig, d. h. ein Kohlenstoffatom kann sich mit vier einwertigen Atomen oder Atomgruppen verbinden. Die organischen Verbindungen enthalten neben Kohlenstoff nur verhältnismäßig wenig andere Elemente, wie z. B. Wasserstoff, Sauerstoff, Stickstoff, Halogene, Phosphor und Schwefel.

Die große Zahl der organischen Stoffe erklärt sich aus der Eigenschaft der Kohlenstoffatome, sich in weit höherem Maße als alle anderen Atome auch untereinander zu verbinden. Die Verbindung zweier Kohlenstoffatome untereinander kann auf dreifache Weise geschehen:

1. Die Kohlenstoffatome sind durch eine Bindung verkettet, je drei Valenzen sind anderweitig abgesättigt:

$$\rangle C\!-\!C\!\langle \quad \text{(einfache Bindung)}$$

2. Die Kohlenstoffatome sind durch zwei Bindungen verkettet, je zwei Valenzen sind anderweitig abgesättigt:

$$\rangle C\!=\!C\!\langle \quad \text{(doppelte Bindung)}.$$

3. Die Kohlenstoffatome sind durch drei Bindungen verkettet, je eine Valenz ist anderweitig abgesättigt:

$$-C\!\equiv\!C\!- \quad \text{(dreifache Bindung)}.$$

Die organischen Verbindungen, die nur einfache Bindungen zwischen den Kohlenstoffatomen aufweisen, nennt man „gesättigt", diejenigen, welche zwei- bzw. dreifache Bindungen enthalten, werden als „ungesättigt" bezeichnet.

Über die Bindung, die in diesen Formeln durch einen Valenzstrich symbolisiert ist, gelten folgende Vorstellungen. Jeder Valenzstrich soll ein Elektronenpaar bedeuten und wird deshalb oft auch als " : " geschrieben. Jedes der beiden aneinander gebundenen Atome hat zu dieser Bindung ein Elektron beigesteuert, so daß im Idealfall keines der beiden Atome eine Ladung trägt („homöopolare Bindung" oder „Atombindung"). Gegenüber der „heteropolaren“- oder „Ionenbindung“, die durch rein elektrostatische Kräfte bedingt wird und nach allen Raumrichtungen hin gleichmäßig wirkt, gibt es für die Atombindung eine bestimmte Raumrichtung, in der diese Bindung lokalisiert ist (vgl. S. 120). Eine Doppelbindung wird von zwei Elektronenpaaren gebildet, von denen eines einer normalen Einfachbindung entspricht, während das zweite Paar die erhöhte Reaktionsfähigkeit der Doppelbindung bedingt.

Nach der „Oktett-Theorie“ haben die Elemente das Bestreben, eine Hülle von acht Elektronen in Form von vier Elektronenpaaren um sich auszubilden; das Wasserstoffatom benötigt allerdings nur ein Paar. Beim Kohlenstoffatom sind alle vier Paare an der Bindung beteiligt, man sagt: das Kohlenstoffatom ist „vierbindig“. Dieses muß nicht immer der Fall sein. So werden beim Sauerstoff (s. die folgenden Formeln) nur zwei Elektronenpaare an der Bindung beteiligt (er ist „zweibindig“); die beiden anderen Paare beim Sauerstoff sind „freie“ oder „einsame“ Elektronenpaare. Eine vollständige Elektronenformel berücksichtigt alle Elektronen.

Eine Gegenüberstellung der Formelbilder für Methanol mag diesen kurzen Hinweis abschließen:

$$
\begin{array}{ccc}
\overset{\textstyle H}{\underset{\textstyle H}{H\!-\!C\!-\!O\!-\!H}} & \qquad H\!:\!\ddot{C}\!:\!\ddot{O}\!:\!H \qquad & \overset{\textstyle H}{\underset{\textstyle H}{H\!-\!C\!-\!\overline{O}\!-\!H}}
\end{array}
$$

Valenzstrichformel   Elektronenformel

Punkt-   Strich-

Schreibweise

Bei diesem einfachen Beispiel scheint der Unterschied nicht erheblich zu sein; doch führt in manchen Fällen die Auffassung der Bindung durch Elektronenpaare weit über die Aussagen hinaus, die man mit den alten Strukturformeln (dargestellt durch Valenzstriche) machen kann.

Zwischen der reinen Atombindung (etwa in Kohlenwasserstoffen) und der reinen Ionenbindung (etwa in Salzen) gibt es alle Übergänge; hierbei ist der Atombindung ein gewisser Ladungscharakter überlagert (bedingt durch die Polarisierbarkeit der Atome). Bei solchen Stoffen ist die Darstellung in der einen oder anderen Schreibweise (als Ionen- oder Atombindung) eine gewisse Schematisierung, die oft durch den Zweck der Darstellung bedingt ist.

Sind nun mehrere Kohlenstoffatome in der oben angegebenen Weise miteinander verbunden, dann kann dies auf zweifache Art geschehen:

1. Die Kohlenstoffatome bilden eine offene Kette, die unverzweigt oder verzweigt sein kann, z. B.

I. 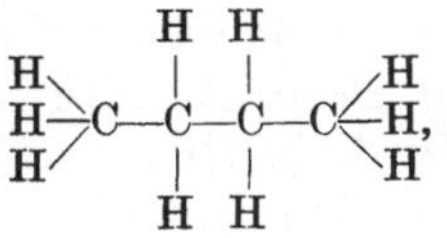 einfacher: $CH_3 \cdot CH_2 \cdot CH_2 \cdot CH_3$;

II. 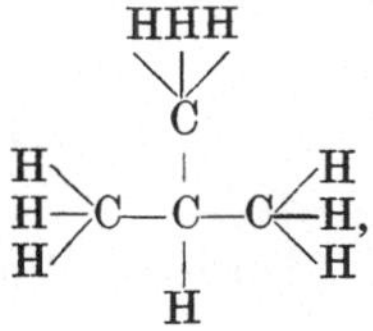 einfacher: $CH_3 \cdot \overset{\overset{CH_3}{|}}{C}H \cdot CH_3$.

Derartige Kohlenstoffverbindungen werden als „aliphatische“ oder „acyclische“ Verbindungen bezeichnet.

2. Die Kohlenstoffatome bilden eine geschlossene Kette, einen sogenannten Kohlenstoff-Ring, z. B.

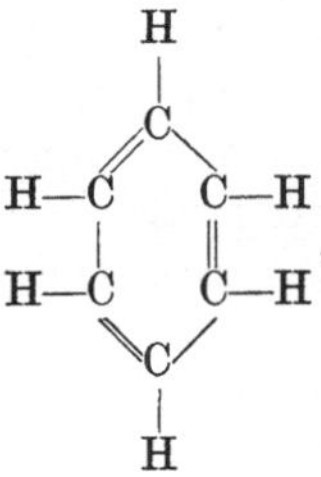 , einfacher 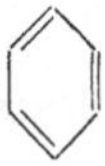 oder 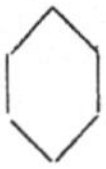 .

Derartige Kohlenstoffverbindungen werden als „cyclische“ Verbindungen bezeichnet.

Die Ringglieder einer cyclischen Verbindung brauchen nun nicht sämtlich aus Kohlenstoffatomen zu bestehen, auch Sauerstoff, Stickstoff und Schwefel können als Ringglieder auftreten; dementsprechend unterscheidet man die cyclischen Verbindungen als „carbocyclisch“, wenn an der Ringbildung nur Kohlenstoffatome bzw. als „heterocyclisch“, wenn an der Ringbildung auch noch andere Elemente beteiligt sind, z. B.

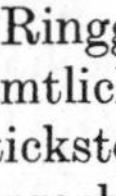 $= C_6H_6 =$ Benzol: carbocyclische Verbindung;

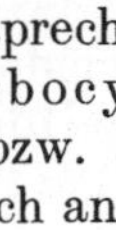

$= C_5H_5N =$ Pyridin; heterocyclische Verbindung.

Die carbocyclischen Verbindungen, die sich vom Benzol ableiten, werden auch als „aromatische“ Verbindungen bezeichnet.

Benzol und Pyridin enthalten nur ein Ringsystem, daneben gibt es Verbindungen, die zwei Ringe enthalten. Sind diese beiden Ringe derart miteinander verbunden, daß ihnen zwei Kohlenstoffatome gemeinsam sind, so spricht man von „kondensierten" Ringsystemen. Das Naphthalin, $C_{10}H_8$, ist z. B. ein System aus zwei kondensierten Benzolringen; das Chinolin, C_9H_7N, enthält einen Benzol- und einen Pyridinring:

$$\text{(Naphthalin-Formel)} = \text{Naphthalin}; \quad \text{(Chinolin-Formel)}\ _N = \text{Chinolin}.$$

In entsprechender Weise gibt es kondensierte Ringsysteme, die mehr als zwei Ringe enthalten.

Die beiden oben angeführten Kohlenwasserstoffe

$$\text{(I)} \quad CH_3 \cdot CH_2 \cdot CH_2 \cdot CH_3 \quad \text{und} \quad \text{(II)} \quad CH_3 \cdot \overset{\overset{\textstyle CH_3}{|}}{CH} \cdot CH_3$$

haben dieselbe Summenformel: C_4H_{10}; der eine (I) besitzt eine unverzweigte, der andere (II) eine verzweigte Kohlenstoffkette. Beide Kohlenwasserstoffe sind bekannt und unterscheiden sich in ihren Eigenschaften, z. B. dem Siedepunkt ($+1°$ und $-17°$); sie werden als normales Butan (n-Butan) und Isobutan (i-Butan) bezeichnet.

Verbindungen, die gleiche Summenformel, aber verschiedene Eigenschaften haben, nennt man „isomer"; die Erscheinung heißt „Isomerie".

Ein anderer Isomeriefall liegt vor bei zwei in ihren Eigenschaften ebenfalls verschiedenen Stoffen von der Zusammensetzung C_2H_6O, der einerseits ein Alkohol (Äthylalkohol, $CH_3 \cdot CH_2OH$), anderseits ein Äther (Dimethyläther: $CH_3 \cdot O \cdot CH_3$) entspricht.

Die Kenntnis der Zusammensetzung einer Verbindung, die Summenformel, reicht also nicht aus, ein Bild der Bindungsverhältnisse im Molekül zu geben; erst eine Strukturformel, welche die gegenseitige Lagerung der Atome oder Atomgruppen zum Ausdruck bringt, läßt die Natur und damit die allgemeinen Eigenschaften einer Verbindung erkennen.

Andere Isomeriefälle siehe S. 112 (cis-trans-Isomerie), S. 119 (α, β-Stellung), S. 120 (optische Isomerie), S. 121 (Isomerie am Benzolring).

A. Qualitative Analyse organischer Substanzen.

1. Nachweis von Kohlenstoff und Wasserstoff.

Versuch Nr. 186. Eine Messerspitze der organischen Substanz, z. B. Zucker, wird mit der gleichen Menge gepulvertem Kupferoxyd (CuO) gemischt und in einem trockenen Glühröhrchen erhitzt. Das Kupferoxyd oxydiert den in der organischen Substanz enthaltenen Kohlenstoff zu Kohlendioxyd, den Wasserstoff zu Wasser, und geht hierbei selbst in metallisches Kupfer über. Das entstehende Wasser schlägt sich in Form kleiner Tröpfchen an den kälteren Stellen der Glaswandung des Glühröhrchens nieder; das gebildete Kohlendioxyd wird dadurch nachgewiesen, daß ein an einem Glasstab befindlicher Tropfen Barytwasser, der in das Röhrchen eingeführt wird, sich trübt (vgl. Vers. Nr. 22).

2. Nachweis von Stickstoff.

(Für eine Gruppe von Studenten vom Assistenten auszuführen.)

Versuch Nr. 187. Eine Messerspitze der organischen Substanz, z. B. Harnsäure, wird mit einem erbsengroßen Stückchen metallischem Kalium, das man möglichst von der Rinde (Kaliumoxyd) befreit hat, in einem trockenen Glühröhrchen bis zur Rotglut erhitzt. Noch glühend wird das Röhrchen hierauf in ein Becherglas, in dem sich etwa 15 bis 20 ccm Wasser befinden, geworfen, wobei es völlig zerspringt; das noch im Überschuß vorhandene Kalium setzt sich unter Feuererscheinung mit dem Wasser um (Vorsicht!). Die Lösung wird von den Glasscherben und Kohleteilchen abfiltriert und darin das aus dem Kohlenstoff und Stickstoff der organischen Substanz mit dem metallischen Kalium entstandene Kaliumcyanid durch die Berlinerblau-Reaktion (vgl. Vers. Nr. 71) nachgewiesen. Zu diesem Zwecke wird die Lösung mit 2 Tropfen einer frisch bereiteten Lösung von Eisen(II)-sulfat versetzt und einige Zeit gekocht; alsdann werden 1 bis 2 Tropfen Eisen(III)-chlorid-lösung und so viel Schwefelsäure hinzugefügt, daß die Lösung sauer reagiert (Lackmuspapier!). Es entsteht ein Niederschlag von Berlinerblau.

3. Nachweis von Halogen.

Versuch Nr. 188. Ein Kupferdraht wird in der Flamme des Bunsenbrenners so lange ausgeglüht, bis diese nicht mehr gefärbt erscheint. Bringt man jetzt einen halogenhaltigen Stoff, z. B. Chloroform, an den Kupferdraht und hält ihn erneut in die Flamme, so wird sie deutlich grün gefärbt, während eine halogenfreie Substanz, z. B. Zucker, ohne Grünfärbung der Flamme verbrennen würde. Die Grünfärbung wird durch die leicht flüchtigen Kupferhalogenide, die aus dem in der organischen Substanz enthaltenen Halogen und dem metallischen Kupfer entstehen, hervorgerufen.

B. Kohlenwasserstoffe.

Die nur aus Kohlenstoff und Wasserstoff zusammengesetzten Verbindungen nennt man Kohlenwasserstoffe; aus ihnen lassen sich formal viele andere organische Verbindungen ableiten, indem man sich die Wasserstoffatome durch andere Atome oder Atomgruppen ersetzt denkt.

Die aliphatischen Kohlenwasserstoffe werden eingeteilt in die Paraffine, die Olefine und die Acetylene. Die Paraffine sind gesättigt und aus diesem Grunde wenig reaktionsfähig. Die Olefine enthalten eine doppelte, die Acetylene eine dreifache Bindung; beide sind wegen ihres ungesättigten Charakters sehr reaktionsfähig. Die zu jeder dieser drei Klassen gehörenden Kohlenwasserstoffe bilden untereinander eine „homologe" Reihe, d. h. ein Kohlenwasserstoff unterscheidet sich von dem nächst höheren stets durch dieselbe Differenz von „CH_2". Die ersten Glieder der Paraffinreihe sind das Methan (CH_4), das Äthan (C_2H_6) und das Propan (C_3H_8); allgemeine Formel: C_nH_{2n+2}. Die Anfangsglieder der Olefin- bzw. Acetylenreihe sind das Äthylen ($H_2C = CH_2$) bzw. das Acetylen ($HC \equiv CH$); die allgemeine Formel der Olefine ist C_nH_{2n}, die der Acetylene C_nH_{2n-2}. Die niederen Glieder der Kohlenwasserstoff-reihen sind Gase, die mittleren Flüssigkeiten und die höheren feste Substanzen.

Der Grundtypus der aromatischen Kohlenwasserstoffe ist das Benzol C_6H_6, eine stark lichtbrechende Flüssigkeit, die bei 80° siedet[1]. Die aromatischen Kohlenwasserstoffe lassen sich — im Gegensatz zu den aliphatischen Paraffinen — leicht durch ein Gemisch von konzentrierter Salpetersäure und konzentrierter Schwefelsäure in Nitro-verbindungen überführen (z. B. Benzol, $C_6H_6 \rightarrow$ Nitro-benzol, $C_6H_5 . NO_2$).

Die einwertigen Reste, „Radikale", der aliphatischen Kohlenwasserstoffe, die formal durch den Entzug eines Wasserstoffatoms erhalten werden, nennt man allgemein „Alkyl"-Reste, die entsprechenden Reste der aromatischen Kohlenwasserstoffe „Aryl"-Reste, und bezeichnet beide abgekürzt durch den Buchstaben „R-". [Alkylreste: CH_3— („Methyl"), C_2H_5— („Äthyl"); Arylrest: C_6H_5— („Phenyl").]

Versuch Nr. 189. Entwässertes Natriumacetat wird mit der gleichen Menge Natronkalk (Gemenge von $Ca(OH)_2$ und $NaOH$) in einer Schale möglichst innig vermischt und das Gemenge etwa 3 cm hoch in ein Reagensglas gefüllt. Beim Erhitzen entsteht

---

[1] Der Siedepunkt ist wie der Schmelzpunkt eine wichtige Konstante und ein Kriterium für die Reinheit einer Substanz.

Methan, CH_4, das mit Hilfe einer pneumatischen Wanne (Abb. 2, S. 21) aufgefangen wird. Es brennt mit nichtrußender Flamme; die Flamme ist durch Spuren von Natriumsalzen gelb gefärbt.

$$CH_3 \cdot COONa + NaOH = Na_2CO_3 + CH_4{\uparrow}.$$

Versuch Nr. 190. Calciumcarbid wird in einem trockenen Reagensglas mit gesättigter Kochsalz-lösung[1] übergossen. Es entweicht Acetylen, C_2H_2, das mit stark rußender Flamme brennt. Der unangenehme Geruch des Acetylens wird durch Verunreinigungen hervorgerufen; ganz reines Acetylen ist fast geruchlos.

$$Ca{\Big\langle}{\overset{C}{\underset{C}{\;\|\|\;}}} + 2\,H_2O = Ca(OH)_2 + {\overset{CH}{\underset{CH}{\;\|\|\;}}}{\uparrow}.$$

Versuch Nr. 191. Man übergieße etwas Calciumcarbid mit gesättigter Kochsalz-lösung und verschließe das Reagensglas mit einem Korkstopfen, durch dessen Bohrung ein rechtwinklig gebogenes Glasrohr führt. Das entweichende Acetylen leite man längere Zeit in Bromwasser; die braune Farbe des Broms verschwindet und es scheiden sich kleine Öltröpfchen ab. Man achte darauf, daß das gebildete Kalkwasser (vgl. Vers. Nr. 190) nicht durch das Glasrohr in das Bromwasser gelangt, da es sonst dasselbe sofort entfärben würde.

$$HC{\equiv}CH + Br_2 = {\overset{H}{\underset{Br}{}}}{>}C{=}C{<}{\overset{H}{\underset{Br}{}}}$$

Acetylen-dibromid;

$$\overset{H}{\underset{Br}{}}{>}C{=}C{<}\overset{H}{\underset{Br}{}} + Br_2 = \overset{H}{\underset{Br}{}}{>}C{-}C{<}\overset{H}{\underset{Br}{}}$$

Acetylen-tetrabromid.

Die ungesättigten Verbindungen haben das Bestreben, durch Addition von Atomen bzw. Atomgruppen in gesättigte Verbindungen überzugehen; insbesondere vollzieht sich die Addition von Brom meist sehr leicht, so daß die Entfärbung von Bromwasser zum Nachweis einer mehrfachen Bindung benutzt werden kann.

Von Wichtigkeit ist auch die Addition von Wasserstoff, die man als „Hydrierung" bezeichnet.

Versuch Nr. 192. 3 ccm konzentrierte Schwefelsäure werden mit dem halben Volumen konzentrierter Salpetersäure gemischt und die Mischung („Nitriersäure") auf zwei Reagensgläser verteilt. In das eine Reagensglas gibt man einige Tropfen Ligroin (Gemisch von Paraffinen), in das andere einige Tropfen Benzol und

---

[1] Bei Anwendung von Wasser wird die Reaktion zu heftig.

schüttelt einige Zeit. Das Ligroin bleibt unverändert, während das Benzol in heftiger Reaktion in Nitrobenzol übergeführt wird. Gießt man das Reaktionsgemisch jetzt in eine größere Menge Wasser, so sinkt das Nitrobenzol (Bittermandel-Geruch) als schweres, gelbliches Öl zu Boden.

$$C_6H_6 + HNO_3 = C_6H_5 \cdot NO_2 + H_2O.$$
$$\text{Nitrobenzol}$$

Das bei der Nitrierung entstehende Wasser wird durch die konzentrierte Schwefelsäure unwirksam gemacht und damit eine Verdünnung der Salpetersäure verhindert.

C. Alkylhalogenide.

Für synthetische Zwecke und als vielseitige Lösungsmittel werden mit großem Erfolg vielfach die Halogensubstitutionsprodukte der Kohlenwasserstoffe verwendet; in der aliphatischen Reihe ist das Halogen sehr reaktionsfähig. Von den vielen Anwendungen seien nur die Synthesen nach Wurtz, Fittig, Friedel-Crafts und Grignard erwähnt.

Vom Methan, CH_4, leiten sich folgende Halogenide ab:

CH_3Cl	CH_2Cl_2	$CHCl_3$	CCl_4
Methylchlorid	Methylenchlorid	Chloroform	Tetra-
oder Chlormethan	oder Dichlormethan	oder Trichlor-	chlor-
		methan	kohlenstoff

(Über Chloroform vgl. S. 99 und 109).

Versuch Nr. 193. Einige Tropfen Benzylchlorid, $C_6H_5 \cdot CH_2Cl$, werden mit etwas methylalkoholischem Kali[1] vermischt, und das Reagensglas in einem Becherglas mit kochendem Wasser („Wasserbad") einige Minuten zum Sieden erhitzt. Dann verdünne man mit Wasser, mache salpetersauer, schüttle das Ungelöste mit etwas Äther aus und gebe etwas Silbernitrat-lösung hinzu. Das bei der Umsetzung neben dem Benzylalkohol ($C_6H_5 \cdot CH_2OH$) entstandene Chlorion ergibt eine Fällung.

$$C_6H_5 \cdot CH_2Cl + KOH = C_6H_5 \cdot CH_2OH + KCl.$$

Man wiederhole den Versuch mit Brombenzol, C_6H_5Br. Zum Unterschied von dem aliphatisch gebundenen Chlor reagiert das aromatisch gebundene Brom unter diesen Reaktionsbedingungen nicht.

---

[1] Zur Darstellung werden 25 g Ätzkali in 100 ccm Methanol durch Stehenlassen über Nacht gelöst und filtriert (äthylalkoholisches Kali wird durch Verharzen sehr bald braun gefärbt).

D. Hydroxylverbindungen der Kohlenwasserstoffe.

Denkt man sich in aliphatischen Kohlenwasserstoffen ein Wasserstoffatom durch eine Hydroxylgruppe (—OH) ersetzt, so entsteht ein Alkohol. In gleicher Weise erhält man beim Ersatz eines Wasserstoffatoms durch Hydroxyl am Ring aromatischer Kohlenwasserstoffe ein Phenol.

1. Alkohole.

Tritt in einem aliphatischen Kohlenwasserstoff eine Hydroxylgruppe ein, so entsteht ein einwertiger Alkohol, treten zwei Hydroxylgruppen ein, so erhält man einen zweiwertigen Alkohol usw. Da an ein Kohlenstoffatom nicht mehr als eine Hydroxylgruppe gebunden sein kann, enthält der einfachste zweiwertige Alkohol mindestens zwei Kohlenstoffatome und der einfachste dreiwertige Alkohol mindestens drei Kohlenstoffatome:

$$\begin{array}{ll}
CH_2 \cdot OH & CH_2 \cdot OH \\
| & | \\
CH_2 \cdot OH & CH \cdot OH \\
 & | \\
 & CH_2 \cdot OH \\
\text{Glykol} & \text{Glycerin.}
\end{array}$$

Man unterscheidet primäre Alkohole, die die Gruppe —$CH_2 \cdot OH$ enthalten (z. B. Methylalkohol, $H \cdot CH_2 \cdot OH$ und Äthylalkohol, $CH_3 \cdot CH_2 \cdot OH$), sekundäre Alkohole mit der Gruppe $>CH \cdot OH$ (z. B. $\dfrac{CH_3}{CH_3}>CH \cdot OH$) und tertiäre Alkohole mit der Gruppe $\ge C \cdot OH$ (z. B. $\dfrac{CH_3}{CH_3}\!\!>\!C \cdot OH$). Charakteristisch ist das Verhalten dieser drei Gruppen gegenüber Oxydationsmitteln. Primäre Alkohole ergeben bei der Oxydation nacheinander zwei Oxydationsprodukte, Aldehyde und Carbonsäuren, z. B.:

$$CH_3 \cdot C\!\!<^{^{H}}_{_{OH}}\!\!|^{H} \;\to\; CH_3 \cdot C\!\!<^{^{H\,[1]}}_{_{O\,H}}\!\!|^{OH} \;\to\; CH_3 \cdot C\!\!<^{^{OH}}_{_{O\,H}}\!\!|^{OH}$$

$$CH_3 \cdot C\!\!<^{^{H}}_{_{O}} \qquad\qquad CH_3 \cdot C\!\!<^{^{OH}}_{_{O}}$$

Äthylalkohol　→　Acetaldehyd　→　Essigsäure.

---

[1] Da — von wenigen Ausnahmen abgesehen (vgl. S. 108) — nicht mehrere Hydroxylgruppen an ein Kohlenstoffatom gleichzeitig gebunden sein können, tritt in solchen Fällen stets eine Abspaltung von Wasser ein.

Sekundäre Alkohole geben bei der Oxydation ein Oxydationsprodukt, nämlich Ketone, z. B.:

$$CH_3 \diagdown C \diagup H \quad \rightarrow \quad CH_3 \diagdown C \diagup OH$$
$$CH_3 \diagup \quad \diagdown OH \qquad CH_3 \diagup \quad \diagdown O\,H$$

$$CH_3 \diagdown C = O$$
$$CH_3 \diagup$$

Isopropylalkohol → Aceton.

Tertiäre Alkohole werden nur durch starke Oxydationsmittel angegriffen und unter Zerstörung des gesamten Moleküls oxydiert.

Die Alkohole sind neutral reagierende, farblose Verbindungen, deren Löslichkeit in Wasser mit zunehmender Zahl der Kohlenstoffatome abnimmt.

Allgemeine Reaktionen der Alkohole.

Versuch Nr. 194. Wasserfreies Natriumacetat wird unter Umschütteln mit etwas Äthylalkohol und einigen Tropfen konzentrierter Schwefelsäure versetzt und gelinde erwärmt. Es entsteht Essigsäure-äthylester, der einen fruchtartigen Geruch besitzt.

$$CH_3 \cdot CO\,OH + H\,O \cdot C_2H_5 = H_2O + CH_3 \cdot CO \cdot OC_2H_5.$$

(Bildung eines Esters.)

Versuch Nr. 195. In ein Reagensglas gibt man nacheinander $1/_2$ ccm Äthylalkohol, 1 ccm Pyridin und 2—3 Tropfen Benzoylchlorid. Unter Erwärmung entsteht eine homogene Mischung, die man noch 5 Minuten lang in ein Becherglas mit heißem Wasser stellt. Dann gießt man die Flüssigkeit in ein Becherglas, in dem sich 20 ccm (etwa ein Reagensglas voll) 2n-Salzsäure befinden, und rührt gut durch. Es scheidet sich in Tröpfchen Benzoesäure-äthylester ab, der an seinem angenehmen Geruch erkannt wird. Das überschüssige Pyridin wird als Hydrochlorid gebunden.

$$C_6H_5 \cdot CO \cdot Cl + H\,O \cdot C_2H_5 + C_5H_5N$$
$$= C_6H_5 \cdot CO \cdot OC_2H_5 + C_5H_5N \cdot HCl.$$

(Reaktion zum Nachweis der alkoholischen Hydroxylgruppe.)

Versuch Nr. 196. Wenig Äthylalkohol wird mit einigen Kubikzentimetern konzentrierter Schwefelsäure versetzt, kurze Zeit zum schwachen Sieden erhitzt und das Reaktionsgemisch sofort unter der Wasserleitung abgekühlt. Es entsteht Äthyläther, der an seinem Geruch erkannt werden kann.

$$2\ C_2H_5 \cdot OH \longrightarrow C_2H_5 \cdot O \cdot C_2H_5 + H_2O.$$
$$(H_2SO_4)\ \text{Äthyläther}$$
$$(\text{Bildung eines Äthers.})$$

Einige wichtige Alkohole.

a) Methylalkohol (Methanol).

Der Methylalkohol, CH_3OH, ist eine brennbare, farblose Flüssigkeit, die bei 65° siedet. Bemerkenswert ist seine große Giftigkeit.

Versuch Nr. 197. Zu einer mit Schwefelsäure angesäuerten Lösung von Kaliumdichromat füge man einige Tropfen Methylalkohol hinzu und erwärme. Es entsteht der stechend riechende Formaldehyd. Bei längerem Erhitzen führt die Oxydation weiterhin zur Ameisensäure, und ein in die entweichenden Dämpfe gebrachter, angefeuchteter Streifen blaues Lackmuspapier wird gerötet.

$$H \cdot CH_2 \cdot OH \xrightarrow[-H_2O]{+\ O} H \cdot C\!\!\begin{array}{c} H \\ \diagdown O \end{array} \xrightarrow{+\ O} H \cdot C\!\!\begin{array}{c} OH \\ \diagdown O \end{array}.$$

Methylalkohol → Formaldehyd → Ameisensäure.

b) Äthylalkohol (Äthanol).

Der Äthylalkohol, C_2H_5OH, ist eine brennbare, farblose Flüssigkeit, die bei 78° siedet. Der käufliche Alkohol ist etwa 96%ig. Wird die restliche Menge Wasser entfernt, z. B. durch Destillation des gewöhnlichen Alkohols über gebranntem Kalk, so erhält man 100%igen Alkohol, den „absoluten" Alkohol. Der Brennspiritus enthält Zusätze von Methylalkohol bzw. Pyridin, wodurch er für Genußzwecke unbrauchbar wird („denaturierter" Spiritus).

Versuch Nr. 198. Frischer Chlorkalk wird mit Äthylalkohol und etwas Wasser versetzt und schwach erwärmt. Es entsteht Chloroform, $CHCl_3$, das an seinem Geruch erkannt werden kann. — Die Reaktion verläuft in drei Stufen:

$$1.\ CH_3 \cdot CH_2 \cdot OH + O = CH_3 \cdot C\!\!\begin{array}{c} H \\ \diagdown O \end{array} + H_2O.$$

Acetaldehyd
(Oxydationswirkung des Chlorkalks.)

$$2.\ CH_3 \cdot C\!\!\begin{array}{c} H \\ \diagdown O \end{array} + 3\ Cl_2 = CCl_3 \cdot C\!\!\begin{array}{c} H \\ \diagdown O \end{array} + 3\ HCl.$$

Chloral
(Chlorierende Wirkung des Chlorkalks.)

$$3.\ CCl_3 \cdot C{\overset{H}{\underset{O}{\diagdown}}} + H_2O = CHCl_3 + H \cdot COOH.$$

Chloroform Ameisensäure
(Spaltende Wirkung des Chlorkalks.)

Ganz reines Chloroform kann durch Umsetzung von Chloralhydrat mit konzentrierter Kalilauge gewonnen werden (vgl. S. 109). Das Chloroform ist eine farblose Flüssigkeit, die bei 61° siedet, und findet als Narkotikum Anwendung. Unter der Einwirkung des Lichtes reagiert das Chloroform mit dem Luftsauerstoff, und es entsteht das äußerst giftige Phosgen: $CHCl_3 + O = COCl_2 + HCl$; es muß daher in dunklen Flaschen aufbewahrt werden.

Versuch Nr. 199. Wenige Tropfen Äthylalkohol werden reichlich mit Jodjodkalium-lösung und hierauf tropfenweise bis zum Verschwinden der Jodfarbe mit Natriumhydroxyd-lösung versetzt. Beim gelinden Erwärmen entsteht ein gelber, kristallinischer Niederschlag von charakteristischem Geruch: Jodoform (CHJ_3). Bei diesem Versuch ist unbedingt darauf zu achten, daß wirklich nur wenige Tropfen Äthylalkohol und eine ausreichende Menge Jodjodkalium-lösung (vgl. Reaktionsgleichung) verwendet werden.

$$C_2H_5 \cdot OH + 8\,J + 6\,NaOH$$
$$= CHJ_3 + HCOO\,Na + 5\,NaJ + 5\,H_2O.$$

Liebensche Jodoformreaktion.

(Empfindlicher Nachweis von Äthylalkohol; die Reaktion tritt aber auch u. a. mit Aceton ein.)

c) Glycerin.

Das Glycerin, $CH_2OH \cdot CHOH \cdot CH_2OH$, ist der einfachste dreiwertige Alkohol. Es ist eine farb- und geruchlose dicke Flüssigkeit, die mit Wasser in jedem Verhältnis mischbar ist, und die bei 290° siedet. Es besitzt einen intensiv süßen Geschmack und hat die Eigenschaft, die Haut geschmeidig zu machen; es wird daher bei der Herstellung von Seifen und Salben verwendet. Die Ester des Glycerins mit den höheren Fettsäuren sind die Fette (vgl. S. 126).

Versuch Nr. 200. Ein Tropfen Glycerin wird in einem trocknen Reagensglas mit Kaliumhydrogensulfat ($KHSO_4$) über kleiner Flamme erhitzt (Abzug!). Das Kaliumbisulfat spaltet aus einem Molekül Glycerin zwei Moleküle Wasser ab, und es entsteht ein ungesättigter Aldehyd, das Acrolein, der sich durch seinen stechenden Geruch bemerkbar macht.

$$CH_2OH \cdot CHOH \cdot CH_2OH \xrightarrow{\;-2\,H_2O\;} CH_2{=}CH{-}C{\overset{H}{\underset{O}{\diagdown}}}.$$

2. Phenol.

Ersetzt man eines der an den Benzolring gebundenen Wasserstoffatome durch eine Hydroxylgruppe, so entsteht das Phenol, $C_6H_5 \cdot OH$. Das Phenol zeigt wie alle aromatischen Hydroxylverbindungen deutlich **sauren** Charakter (Gegensatz zu den aliphatischen Hydroxylverbindungen, die neutral reagieren) und wird deshalb auch „**Carbolsäure**" genannt.

Phenol bildet weiße Kristalle von charakteristischem Geruch und ist in Wasser etwas löslich, bildet aber auch mit wenig Wasser eine homogene Lösung („Phenolum liquefactum"); die wäßrige Lösung, das Carbolwasser, besitzt antiseptische Eigenschaften.

Versuch Nr. 201. Phenol wird mit Natriumhydroxyd-lösung übergossen; unter Bildung von **Natriumphenolat**, $C_6H_5 \cdot ONa$, tritt Auflösung ein. Auf Zusatz von Säure wird das Phenol in Form von öligen Tröpfchen wieder ausgeschieden.

$$C_6H_5 \cdot OH + NaOH = C_6H_5 \cdot ONa + H_2O;$$
$$C_6H_5 \cdot ONa + HCl = C_6H_5 \cdot OH{\downarrow} + NaCl.$$

Versuch Nr. 202. Phenol wird mit einem halben Reagensglas Wasser einige Zeit geschüttelt und die Lösung von dem ungelöst bleibenden Teil abgegossen und auf zwei Reagensgläser verteilt.

Die wäßrige **Phenol-lösung** im ersten Reagensglas wird dann mit einem Tropfen **Eisen(III)-chlorid-lösung** versetzt. Es entsteht eine **violette** Färbung, die durch die Bildung komplexer Eisensalze hervorgerufen wird (**Reaktion der aromatischen Hydroxylgruppe**).

Zur wäßrigen **Phenol**-lösung im zweiten Reagensglas gebe man etwas Bromwasser; es fällt flockiges, weißes **Tribromphenol** aus.

Versuch Nr. 203. Etwas **Phenol** wird in etwa 5 ccm Natriumhydroxyd-lösung gelöst und die Lösung mit einigen Tropfen **Benzoylchlorid** versetzt. Beim Schütteln verschwindet der Geruch des Benzoylchlorids, und es scheidet sich der **Phenylester der Benzoesäure** in fester Form aus (**Schotten-Baumannsche Reaktion**).

$$C_6H_5 \cdot CO \cdot Cl + H \, O \cdot C_6H_5 + NaOH$$
$$= NaCl + H_2O + C_6H_5 \cdot CO \cdot OC_6H_5{\downarrow}.$$

E. Amine.

Ersetzt man im Ammoniak, NH_3, der Reihe nach die Wasserstoffatome durch Alkyl- oder Arylgruppen, so erhält man primäre, sekundäre und tertiäre **Amine**, z. B.

$$N\!\!\begin{array}{l}\diagup CH_3 \\ \!\!\!-H \\ \diagdown H\end{array} = CH_3NH_2 \quad = \text{primäres Amin; Methyl-amin.}$$

$$N\!\!\begin{array}{l}\diagup CH_3 \\ \!\!\!-CH_3 \\ \diagdown H\end{array} = (CH_3)_2NH = \text{sekundäres Amin; Dimethyl-amin.}$$

$$N\!\!\begin{array}{l}\diagup CH_3 \\ \!\!\!-CH_3 \\ \diagdown CH_3\end{array} = (CH_3)_3N \quad = \text{tertiäres Amin; Trimethyl-amin.}$$

Die Amine lösen sich in Wasser als Basen, z. B. $C_2H_5NH_2 + H_2O = C_2H_5NH_3^+ + OH^-$; mit Säuren bilden sie wie das Ammoniak wasserlösliche Salze, z. B.

$$C_2H_5 \cdot NH_2 + HCl = [C_2H_5 \cdot NH_3]Cl.$$
Äthylamin   Äthyl-ammonium-chlorid
(salzsaures Äthylamin)

Wie aus den Ammoniumsalzen durch Natriumhydroxyd-lösung Ammoniak frei gemacht wird, so wird aus den Salzen der Amine durch Alkalilaugen das Amin wieder in Freiheit gesetzt, z. B.

$$[C_2H_5 \cdot NH_3]Cl + NaOH = C_2H_5 \cdot NH_2 + NaCl + H_2O.$$

Charakteristisch für die verschiedenen Klassen der Amine ist ihr Verhalten gegen salpetrige Säure.

Die NH_2-Gruppe der primären aliphatischen Amine wird durch salpetrige Säure in eine OH-Gruppe übergeführt; es entstehen die entsprechenden Alkohole, während der Stickstoff entweicht, z. B.

$$C_2H_5 \cdot \boxed{NH_2 + ON} OH = C_2H_5 \cdot OH + N_2\!\uparrow + H_2O.$$

Bei der Einwirkung von salpetriger Säure auf primäre aromatische Amine tritt die gleiche Reaktion ein, doch läßt sich unter geeigneten Bedingungen (niedrige Temperatur) ein Zwischenprodukt, eine Diazonium-verbindung, isolieren; die Diazonium-verbindung geht beim Kochen in wäßriger Lösung unter Abspaltung von Stickstoff in die entsprechende aromatische Hydroxylverbindung, ein Phenol, über, z. B.

$$C_6H_5 \cdot NH_2 + HNO_2 + HCl = C_6H_5 \cdot N_2 \cdot Cl + 2\,H_2O;$$
Anilin   Benzol-diazonium-chlorid
$$C_6H_5 \cdot N_2 \cdot Cl + H_2O = C_6H_5 \cdot OH + N_2\!\uparrow + HCl.$$

Die Diazonium-verbindungen sind wichtige Zwischenprodukte bei der Darstellung der „Azofarbstoffe".

Die sekundären aliphatischen und aromatischen Amine werden durch salpetrige Säure in Nitrosamine übergeführt:

$$\begin{matrix} R \\ \diagdown \\ \end{matrix}\!\!\!N\,H \,+\, HO\,NO = H_2O \,+\, \begin{matrix} R \\ \diagdown \\ \end{matrix}\!\!\!N \cdot NO.$$

Die tertiären aliphatischen Amine werden durch salpetrige Säure nicht verändert; die tertiären aromatischen Amine werden durch salpetrige Säure in p-Nitroso-verbindungen verwandelt, z. B.

$$\begin{matrix} CH_3 \\ \diagdown \\ CH_3 \end{matrix}\!\!\!N \cdot C_6H_4\,H \,+\, HO\,NO = H_2O \,+\, \begin{matrix} CH_3 \\ \diagdown \\ CH_3 \end{matrix}\!\!\!N \cdot C_6H_4 \cdot NO.$$

Dimethyl-anilin   p-Nitroso-dimethyl-anilin

Zum Nachweis der primären Amine dient die Isonitril-Reaktion.

Allgemeine Reaktionen der primären Amine.

Versuch Nr. 204. Durch Schütteln von einigen Tropfen Anilin mit Wasser stellt man sich eine wäßrige Anilin-lösung her. Die Prüfung mit rotem und blauem Lackmuspapier zeigt neutrale Reaktion an. Fügt man jedoch einen Tropfen Eisen(III)-chlorid-lösung hinzu, so fällt rotbraunes Eisen(III)-hydroxyd aus.

$$C_6H_5NH_2 + H_2O = C_6H_5NH_3^+ + OH^-,$$
$$FeCl_3 + 3\,OH^- = Fe(OH)_3{\downarrow} + 3\,Cl^-.$$

Versuch Nr. 205. Anilin wird mit einigen Tropfen konzentrierter Chlorwasserstoffsäure versetzt. Unter starker Erwärmung, der man durch Abkühlen unter der Wasserleitung entgegenwirkt, bildet sich festes, weißes, salzsaures Anilin, das sich auf Zusatz von Wasser leicht auflöst. Versetzt man die klare Lösung mit Natriumhydroxyd-lösung, so scheidet sich das Anilin in feinen Tröpfchen wieder ab.

$$C_6H_5 \cdot NH_2 + HCl = [C_6H_5 \cdot NH_3]Cl,$$
$$[C_6H_5 \cdot NH_3]Cl + NaOH = C_6H_5 \cdot NH_2{\downarrow} + NaCl + H_2O.$$

Versuch Nr. 206. Etwas salzsaures Äthylamin wird mit Natriumhydroxyd-lösung übergossen. Das frei werdende Äthylamin, $C_2H_5 \cdot NH_2$, entweicht beim Erwärmen. Es zeigt einen ammoniakartig fischigen Geruch, bläut einen angefeuchteten Streifen rotes Lackmuspapier und ist brennbar.

Versuch Nr. 207. Eine wäßrige Lösung von salzsaurem Äthylamin wird mit einigen Tropfen Natriumnitrit-lösung und Chlorwasserstoffsäure versetzt.

$$C_2H_5 \cdot N\,H_2 + O\,N\,OH = C_2H_5 \cdot OH + N_2{\uparrow} + H_2O.$$

Der entweichende Stickstoff wird dadurch nachgewiesen, daß ein in das Reagensglas eingeführter brennender Holzspan erlischt. Den entstehenden Äthylalkohol weise man durch die Liebensche Jodoformprobe nach, indem man die Lösung mit Jodjodkalium-lösung und bis zur Entfärbung mit Natriumhydroxydlösung versetzt (vgl. Vers. Nr. 199); beim schwachen Erwärmen tritt der Geruch des Jodoforms auf.

Versuch Nr. 208. Anilin wird mit einigen Kubikzentimetern verdünnter Chlorwasserstoffsäure versetzt, und zu der abgekühlten, wäßrigen Lösung des salzsauren Anilins füge man einige Tropfen Natrium-nitrit-lösung hinzu. Die Lösung, die jetzt das Benzol-diazonium-chlorid enthält, wird auf zwei Reagensgläser verteilt.

$$C_6H_5 \cdot NH_2 + HNO_2 + HCl = C_6H_5 \cdot N_2 \cdot Cl + 2\,H_2O.$$

a) Die eine Hälfte der Lösung wird mit einer salzsauren Lösung von Dimethylanilin, $C_6H_5 \cdot N(CH_3)_2$, versetzt. Es entsteht ein Azofarbstoff, der auf Zusatz von Natrium-acetatlösung ausfällt.

$$C_6H_5 \cdot N_2 \cdot Cl + H\,C_6H_4 \cdot N(CH_3)_2$$
$$= HCl + C_6H_5 \cdot N = N \cdot C_6H_4 \cdot N(CH_3)_2\downarrow.$$

b) Die andere Hälfte der Lösung wird erwärmt; es entweicht Stickstoff (Nachweis s. Versuch Nr. 207). Das entstehende Phenol kann am Geruch erkannt werden.

$$C_6H_5 \cdot N_2 \cdot Cl + H_2O = C_6H_5 \cdot OH + N_2\uparrow + HCl.$$

Versuch Nr. 209. Dieser Versuch ist als Gruppenversuch unter dem Abzug, oder, wenn möglich, im Freien durchzuführen. — Ein Tropfen Anilin wird mit alkoholischer Kalilauge und einem Tropfen Chloroform erwärmt. Es tritt der äußerst unangenehme Geruch des Phenyl-isonitrils auf.

$$C_6H_5 \cdot N\,H_2 + C\,HCl_3 + 3\,KOH = 3\,H_2O + 3\,KCl + C_6H_5 \cdot N{=}C.$$

(Nachweis-Reaktion für primäre Amine.)

Anilin.

Das Anilin ist eine farblose Flüssigkeit, die sich an der Luft bräunt; es siedet bei 184°, riecht charakteristisch und wirkt giftig.

Versuch Nr. 210. Ein Tropfen Anilin wird in einem halben Reagensglas Wasser durch kräftiges Schütteln gelöst und die Lösung mit einer Messerspitze Chlorkalk versetzt. Es tritt allmählich eine intensiv violette Färbung auf. (Charakteristische Reaktion des Anilins.)

Versuch Nr. 211. Ein Tropfen Nitrobenzol wird mit Zinngranalien und hierauf vorsichtig mit etwas konzentrierter Chlorwasserstoffsäure versetzt. Der aus dem Zinn und der Chlorwasserstoffsäure gebildete Wasserstoff reduziert das Nitrobenzol zu Anilin. — Wird die Reaktion zu heftig, so kühle man unter der Wasserleitung ab. — Nach einiger Zeit gieße man die Lösung von dem unverbrauchten Zinn in ein Becherglas ab und versetze sie mit so viel Natriumhydroxyd-lösung, daß das zuerst ausfallende Zinn(II)-hydroxyd sich wieder auflöst. Das entstandene Anilin scheidet sich in öligen Tröpfchen aus. Durch Zusatz einer Messerspitze Chlorkalk wird das Anilin nachgewiesen (vgl. Versuch Nr. 210).

$$C_6H_5 \cdot NO_2 + 6\,H + HCl = [C_6H_5 \cdot NH_3]\,Cl + 2\,H_2O;$$
$$[C_6H_5 \cdot NH_3]\,Cl + NaOH = C_6H_5 \cdot NH_2{\downarrow} + NaCl + H_2O.$$

F. Aldehyde und Ketone (Carbonylverbindungen).

Die Aldehyde und Ketone enthalten die Gruppe $\,{>}C{=}O$ („Carbonylgruppe"). Bei den Aldehyden ist die Carbonylgruppe einerseits stets mit einem Wasserstoffatom, andererseits mit einem Kohlenwasserstoffrest, z. B. $C_6H_5 \cdot C{<}^H_O$ (Benzaldehyd), oder im Falle des Formaldehyds, $H \cdot C{<}^H_O$, mit einem zweiten Wasserstoffatom verbunden; für die Aldehyde ist also die Gruppe $-C{<}^H_O$ („Aldehydgruppe") charakteristisch. Bei einem Keton sind zwei Kohlenwasserstoffreste durch die Carbonylgruppe verknüpft, z. B. $^{CH_3}_{CH_3}{>}C{=}O$ (Aceton); für die Ketone ist eine an zwei Kohlenstoffatome gebundene Carbonylgruppe charakteristisch („Ketongruppe").

Die den Aldehyden und Ketonen gemeinsame Carbonylgruppe ist die Ursache für einige wichtige, für beide Körperklassen analoge Reaktionen, von denen folgende hier erwähnt seien:

1. Das doppelt gebundene Sauerstoffatom der Carbonylgruppe reagiert unter Wasserabspaltung mit zwei Wasserstoffatomen geeigneter Verbindungen, z. B. $H_2N \cdot NH \cdot C_6H_5$ (Phenylhydrazin). — „Kondensationsreaktionen".

$$R \cdot C\underset{O}{\overset{H}{<}} + H_2N \cdot NH \cdot C_6H_5 = H_2O + R \cdot C\underset{N \cdot NH \cdot C_6H_5}{\overset{H}{<}} ;$$

Phenylhydrazon

$$\underset{R}{\overset{R}{>}}C = O + H_2N \cdot NH \cdot C_6H_5 = H_2O + \underset{R}{\overset{R}{>}}C = N \cdot NH \cdot C_6H_5.$$

Phenylhydrazon

2. Unter Auflösung der Doppelbindung zwischen dem Kohlenstoff- und Sauerstoffatom der Carbonylgruppe können geeignete Stoffe, z. B. Wasserstoff oder Natriumbisulfit, addiert werden. — „Additionsreaktionen".

$$R \cdot C\underset{O}{\overset{H}{<}} + 2\,H = R \cdot C\underset{OH}{\overset{H}{\Large\diagup\!\!-H}} ; \qquad\qquad \underset{R}{\overset{R}{>}}C = O + 2\,H = \underset{R}{\overset{R}{>}}C\underset{OH}{\overset{H}{<}} .$$

<table>
<tr><td>Reduktion eines Aldehyds zu
einem primären Alkohol.</td><td>Reduktion eines Ketons zu einem
sekundären Alkohol</td></tr>
</table>

$$R \cdot C\underset{O}{\overset{H}{<}} + NaHSO_3 = R \cdot C\underset{SO_3Na}{\overset{H}{<}\!OH} ;$$

Natriumbisulfitverbindung

$$\underset{R}{\overset{R}{>}}C = O + NaHSO_3 = \underset{R}{\overset{R}{>}}C\underset{SO_3Na}{\overset{OH}{<}} .$$

Natriumbisulfitverbindung

Die Aldehyde sind die ersten Oxydationsprodukte primärer Alkohole, die Ketone entstehen bei der Oxydation sekundärer Alkohole (vgl. S. 97 und 98).

Die Aldehyde (nicht dagegen die Ketone) können noch weiter oxydiert werden, wobei eine Carbonsäure entsteht. Diese Stellung der Aldehyde als mittlere Oxydationsstufe zwischen den Alkoholen und den Carbonsäuren läßt einen Übergang in die beiden Endglieder erwarten („Disproportionierung") (vgl. S. 48).

$$2\,RC\underset{O}{\overset{H}{<}} \xrightarrow{\ (H_2O)\ } RC\underset{OH}{\overset{H}{\Large\diagup\!\!-H}} + RC\underset{OH}{\overset{O}{<}} .$$

Diese von Cannizaro aufgefundene Reaktion spielt im biologischen Geschehen eine bedeutende Rolle.

Die reduzierenden Eigenschaften der Aldehyde können z. B. durch Fehlingsche Lösung oder ammoniakalische Silbernitratlösung nachgewiesen werden.

Allgemeine Reaktionen der Aldehyde und Ketone.

Versuch Nr. 212. Man löse eine reichliche Messerspitze salzsaures Phenylhydrazin, $C_6H_5 \cdot NH \cdot NH_2 \cdot HCl$, gemeinsam mit der gleichen Menge Natriumacetat in einem halben Reagensglas Wasser auf und verteile die entstehende essigsaure Lösung von Phenylhydrazin auf drei Reagensgläser.

a) Zu dem ersten Drittel der Lösung füge man Formalinlösung (40%ige wäßrige Lösung von Formaldehyd, vgl. S. 108). Es entsteht eine ölige Trübung von Formaldehyd-phenylhydrazon.

$$H \cdot C{<}^{H}_{O} + H_2N \cdot NH \cdot C_6H_5 = H_2O + H \cdot C{<}^{H}_{N \cdot NH \cdot C_6H_5}.$$

b) Zu dem zweiten Drittel der Lösung füge man einen Tropfen Benzaldehyd und schüttle kräftig um. Es scheidet sich Benzaldehyd-phenylhydrazon in farblosen Kristallen ab.

$$C_6H_5 \cdot C{<}^{H}_{O} + H_2N \cdot NH \cdot C_6H_5 = H_2O + C_6H_5 \cdot C{<}^{H}_{N \cdot NH \cdot C_6H_5}.$$

c) Zu dem letzten Drittel der Lösung füge man einen Tropfen Aceton. Es entsteht eine ölige Trübung von Aceton-phenylhydrazon.

$$^{CH_3}_{CH_3}{>}C = O + H_2N \cdot NH \cdot C_6H_5 = H_2O + {}^{CH_3}_{CH_3}{>}C = N \cdot NH \cdot C_6H_5.$$

Versuch Nr. 213. a) Zu einigen Tropfen Benzaldehyd füge man eine konzentrierte, wäßrige Lösung von Natriumbisulfit. Beim kräftigen Schütteln scheidet sich Benzaldehyd-natriumbisulfit in kristallinischer Form ab.

$$C_6H_5 \cdot C{<}^{H}_{O} + NaHSO_3 = C_6H_5 \cdot C{<}^{H-OH}_{SO_3Na} \downarrow.$$

b) Etwa drei Kubikzentimeter Aceton werden mit höchstens zwei bis drei Tropfen einer konzentrierten, wäßrigen Lösung von Natriumbisulfit kräftig geschüttelt. Es entsteht Acetonbisulfit.

$$^{CH_3}_{CH_3}{>}C = O + NaHSO_3 = {}^{CH_3}_{CH_3}{>}C{<}^{OH}_{SO_3Na} \downarrow.$$

Reduktionswirkung der Aldehyde.

Versuch Nr. 214. Fehlingsche Lösung (vgl. Vers. Nr. 152) wird mit Formalin-lösung zum Sieden erhitzt. Es entsteht ein gelbroter Niederschlag von Kupfer(I)-oxyd, da der Aldehyd das zweiwertige Kupfer zu einwertigem reduziert, wobei er selbst zu Ameisensäure oxydiert wird.

$$H \cdot C \underset{O}{\overset{H}{<}} + O = H \cdot C \underset{O}{\overset{OH}{<}}.$$

Versuch Nr. 215. In einem reinen Reagensglas wird Silbernitrat-lösung mit wenig Ammoniak-lösung im Überschuß versetzt. Gibt man zu der Lösung jetzt Formalin und erwärmt gelinde, so entsteht an der Wandung des Reagensglases ein Silberspiegel.

$$Ag_2O + H \cdot CHO = 2\,Ag{\downarrow} + H \cdot COOH.$$

Einige wichtige Aldehyde und Ketone.

a) Formaldehyd.

Der Formaldehyd, $H \cdot CHO$, ist bei Zimmertemperatur ein farbloses Gas von stechendem Geruch, das sich durch Abkühlung zu einer bei $-21°$ siedenden farblosen Flüssigkeit verdichten läßt. Er ist in Wasser löslich; eine etwa 40%ige wäßrige Lösung findet unter dem Namen „Formalin" als Desinfektionsmittel und in der Kunststoffindustrie Anwendung.

Versuch Nr. 216. Etwas mit wenigen Tropfen Wasser verflüssigtes Phenol (vgl. S. 101) wird mit der doppelten Menge Formalin-lösung in einem Becherglas (50 ccm) zum Sieden erhitzt. Nach Entfernen des Brenners gibt man aus einem Reagensglas konzentrierte Salzsäure zur Mischung, bis sich nach heftiger Reaktion ein Öl ausscheidet, das sich beim Abkühlen verfestigt (Kunstharz: „Bakelit").

b) Acetaldehyd.

Der Acetaldehyd, $CH_3 \cdot CHO$, ist eine farblose, bei $21°$ siedende Flüssigkeit von charakteristischem, stark zum Husten reizendem Geruch.

Versuch Nr. 217. Eine mit Schwefelsäure angesäuerte Lösung von Kaliumdichromat wird mit einigen Tropfen Äthylalkohol versetzt und gekocht. Die gelbrote Farbe der Lösung schlägt in Grün um, und es tritt der obstartige, aber erstickende Geruch des Acetaldehyds auf (vgl. Vers. Nr. 142).

c) Chloral.

Das Chloral (Trichlor-acetaldehyd), $CCl_3 \cdot CHO$, ist eine farblose Flüssigkeit von durchdringendem Geruch, die mit Wasser eine farblose, gut kristallisierte Substanz, das Chloralhydrat, $CCl_3 \cdot C\underset{OH}{\overset{H}{<}}OH$ bildet. Im Chloralhydrat liegt einer der wenigen Stoffe vor, die zwei Hydroxylgruppen an einem Kohlenstoffatom gebunden enthalten (vgl. die Anmerkung auf S. 97). Es zeigt die gleichen Eigenschaften wie Chloral und wird durch Alkalilaugen unter Bildung von Chloroform gespalten.

Versuch Nr. 218. Einige Körnchen Chloralhydrat werden mit Natriumhydroxyd-lösung versetzt. Es entsteht Chloroform, das an seinem Geruch erkannt werden kann.

$$CCl_3 \cdot C\underset{\textstyle OH}{\overset{\textstyle H}{\diagdown}}OH + NaOH = H_2O + H \cdot COONa + CHCl_3.$$

d) Benzaldehyd.

Der Benzaldehyd, $C_6H_5 \cdot CHO$, ist eine farblose Flüssigkeit, die bei 179° siedet und angenehm nach bitteren Mandeln riecht („Bittermandel-öl"). An der Luft geht der Benzaldehyd sehr schnell durch Oxydation in Benzoesäure über.

Versuch Nr. 219. Ein Tropfen Benzaldehyd wird auf einem Uhrglase einige Zeit stehen gelassen. Der Benzaldehyd wird durch den Luftsauerstoff zu Benzoesäure oxydiert, wobei die Flüssigkeit kristallinisch erstarrt.

$$C_6H_5 \cdot CHO + O = C_6H_5 \cdot COOH.$$

e) Aceton.

Das Aceton, $CH_3 \cdot CO \cdot CH_3$, ist eine farblose Flüssigkeit von erfrischendem Geruch, die bei 56° siedet. Bei krankhaften Zuständen tritt es im Harn auf („Acetonurie").

Versuch Nr. 220. Man wiederhole die Liebensche Jodoform-reaktion mit Aceton (vgl. Vers. Nr. 199).

$$CH_3 \cdot CO \cdot CH_3 + 3\,J_2 + 4\,NaOH = CHJ_3\downarrow + Na(CH_3COO)$$
$$+ 3\,NaJ + 3\,H_2O.$$

Versuch Nr. 221. Ein Tropfen Aceton wird mit einigen Kubikzentimetern Wasser verdünnt und mit etwas Natrium-hydroxyd-lösung versetzt. Auf Zusatz von Natrium-nitroprussid-lösung entsteht eine blutrote Färbung, die beim Ansäuern mit Essigsäure kirschrot wird (Legalsche Probe zum Nachweis von Aceton im Harn).

G. Carbonsäuren.

Denkt man sich in einem Kohlenwasserstoff eines oder mehrere Wasserstoffatome durch die entsprechende Anzahl „Carboxyl-Gruppen", $-C\underset{\textstyle OH}{\overset{\textstyle O}{\diagdown}}$, ersetzt, so erhält man Carbonsäuren, z. B. $CH_3 . COOH$, Essigsäure. Führt man diese Substitution in einem gesättigten Kohlenwasserstoff aus, so erhält man eine gesättigte Säure; in entsprechender Weise entsteht aus einem ungesättigten Kohlenwasserstoff eine ungesättigte Säure.

Nur das Wasserstoffatom der Carboxylgruppe hat saure Eigenschaften, d. h. nur dieses wird in wäßriger Lösung als Wasserstoff-ion abgespalten und kann unter Salzbildung durch Metallatome ersetzt werden. Im Gegensatz zu den wichtigsten anorganischen Säuren („Mineralsäuren") besitzen die organischen Säuren nur kleine Dissoziationskonstanten und sind daher nur schwache Säuren.

Nach der Anzahl der vorhandenen Carboxylgruppen bezeichnet man die Carbonsäuren als ein-, zwei- und mehrbasisch. Die einbasischen aliphatischen Säuren nennt man auch „Fettsäuren", da einige derselben am Aufbau der Fette beteiligt sind.

Die Carbonsäuren entstehen durch die Oxydation primärer Alkohole bzw. Aldehyde (vgl. S. 97 und S. 106).

Die einwertigen Reste, „Säure-Radikale", die formal durch Entzug der OH-Gruppe aus den Carbonsäuren entstehen, nennt man „Acyle"; im einzelnen bezeichnet man z. B. das Acyl der Essigsäure, $CH_3 \cdot CO$—, als „Acetyl" und das Acyl der Benzoesäure, $C_6H_5 \cdot CO$—, als „Benzoyl".

Zu Derivaten der Carbonsäuren gelangt man, indem man Umwandlungen an der Carboxylgruppe oder Substitutionen in dem jeweils mit der Carboxylgruppe verbundenen Kohlenwasserstoffrest vornimmt, z. B.

I. Umwandlungen der Carboxylgruppe der Essigsäure:

$$CH_3 \cdot C\begin{smallmatrix} OH \\ \\ O \end{smallmatrix} \quad \text{Essigsäure;}$$

$$CH_3 \cdot C\begin{smallmatrix} Cl \\ \\ O \end{smallmatrix} \quad \text{Acetylchlorid (Säurechlorid);}$$

$$CH_3 \cdot C\begin{smallmatrix} NH_2 \\ \\ O \end{smallmatrix} \quad \text{Acetamid (Säureamid);}$$

$$CH_3 \cdot C\begin{smallmatrix} O \cdot C_2H_5 \\ \\ O \end{smallmatrix} \quad \text{Essigsäure-äthylester (Ester).}$$

II. Substitutionen im Kohlenwasserstoff-rest der Essigsäure:

$CH_3 \cdot COOH$ Essigsäure;
$CH_2Cl \cdot COOH$ Chlor-essigsäure (Halogen-fettsäure);
$CH_2OH \cdot COOH$ Oxy-essigsäure (Oxy-säure);
$CH_2NH_2 \cdot COOH$ Amino-essigsäure (Amino-säure).

1. Einbasische Säuren (Mono-Carbonsäuren).

a) Ameisensäure.

Die Ameisensäure, H · COOH, ist die einfachste Fettsäure. Die wasserfreie Säure ist bei Zimmertemperatur eine farblose, stechend riechende Flüssigkeit vom Siedepunkt 101°, die in Wasser in jedem Verhältnis löslich ist. Ihre Salze nennt man Formiate. Sie nimmt unter den Fettsäuren eine Ausnahmestellung ein, da sie reduzierende Eigenschaften hat; dieses Verhalten ist verständlich, weil sie sowohl als Säure, wie als Aldehyd formuliert werden kann:

$$H \cdot C \diagup\!\!\!\diagdown {}^O_{OH} \qquad \text{bzw.} \qquad HO \cdot C \diagup\!\!\!\diagdown {}^O_H .$$

In ihrer Eigenschaft als Reduktionsmittel wird sie — wie jeder Aldehyd — zu der entsprechenden Carbonsäure oxydiert, und es entsteht Kohlensäure, die sofort in Kohlendioxyd und Wasser zerfällt:

$$HO \cdot C \diagup\!\!\!\diagdown {}^O_H + O = HO \cdot C \diagup\!\!\!\diagdown {}^O_{OH} = H_2O + CO_2 .$$
$$(H_2CO_3)$$

Versuch Nr. 222. Verdünnte Ameisensäure wird mit etwas Schwefelsäure und hierauf tropfenweise mit Kaliumpermanganat-lösung versetzt. Die Ameisensäure wird zu Kohlendioxyd und Wasser oxydiert, und die Farbe der Kaliumpermanganat-lösung verschwindet. Das Kohlendioxyd wird in der bekannten Weise durch die Trübung eines Barytwasser-Tropfens nachgewiesen.

$$HCOOH + O = H_2O + CO_2\!\uparrow .$$

Versuch Nr. 223. Silbernitrat-lösung wird mit wenig Ammoniak-lösung im Überschuß versetzt. Gibt man zu der Lösung jetzt einige Tropfen verdünnte Ameisensäure und erwärmt, so entsteht ein Silberspiegel.

$$Ag_2O + HCOOH = 2\,Ag\!\downarrow + H_2O + CO_2\!\uparrow .$$

b) Essigsäure.

Die wasserfreie Essigsäure, $CH_3 \cdot COOH$, ist eine wasserklare Flüssigkeit, die bei 118° siedet und bei 17° kristallisch erstarrt („Eisessig"). Sie mischt sich mit Wasser in jedem Verhältnis; der Speiseessig ist eine verdünnte, wäßrige Lösung des Eisessigs (3,5—7%). Die Salze der Essigsäure nennt man Acetate. Offizinell verwendet wird die wäßrige Lösung des Aluminium-acetats („Essigsaure Tonerde").

Versuch Nr. 224. Natriumacetat-lösung wird mit Schwefelsäure angesäuert. Bei kräftigem Kochen (Siedesteinchen im Reagensglas) entweicht die freigemachte Essigsäure; man prüfe den Geruch und führe einen angefeuchteten Streifen blauen

Lackmuspapiers in das Reagensglas; Rotfärbung zeigt eine flüchtige Säure an (nicht spezifisch für Essigsäure).

Versuch Nr. 225. Man wiederhole den Versuch Nr. 194 (Nachweis der Essigsäure als Essigsäure-äthylester).

c) Kohlenstoffreiche Fettsäuren.

Die wichtigsten höher molekularen Fettsäuren sind die Palmitinsäure, $C_{15}H_{31} \cdot COOH[CH_3 \cdot (CH_2)_{14} \cdot COOH]$, und die Stearinsäure, $C_{17}H_{35} \cdot COOH[CH_3 \cdot (CH_2)_{16} \cdot COOH]$, die als Bausteine der festen Fette in der Natur weit verbreitet sind. Beide Säuren sind feste, in Wasser unlösliche Substanzen und finden als Gemisch („Stearin") zahlreiche Anwendung (Kerzen); ihre Alkalisalze sind die Seifen.

Versuch Nr. 226. Etwas Stearin wird mit Wasser geschüttelt; das Stearin ist in Wasser unlöslich. Man erwärme und versetze tropfenweise mit Kaliumhydroxyd-lösung, bis das Stearin gelöst ist; die Lösung enthält die Kaliumsalze der Stearin- und Palmitinsäure (Seifen). Die Seifenlösung wird auf drei Reagensgläser verteilt und mit folgenden Reagenzien versetzt:

a) mit Schwefelsäure; die in Wasser unlöslichen Fettsäuren fallen als milchige Trübung aus;

b) mit festem Natriumchlorid; beim kräftigen Schütteln fallen die Natriumsalze der Fettsäuren aus („Aussalzen der Seife");

c) mit Calciumchlorid-lösung; die Calciumsalze der Fettsäuren fallen aus („Kalkseife"). — Hartes Wasser (vgl. S. 59) bewirkt bei der Wäsche einen erhöhten Verbrauch an Seife, da ein dem Calciumgehalt des harten Wassers entsprechender Teil der Seife als Kalkseife ausgefällt und dem Waschprozeß entzogen wird.

d) Ungesättigte Fettsäuren (Ölsäure).

Die Ölsäure ist eine kohlenstoffreiche, ungesättigte Säure, $C_{17}H_{33} \cdot COOH[CH_3 \cdot (CH_2)_7 \cdot CH = CH \cdot (CH_2)_7 \cdot COOH]$; sie ist flüssig und bildet eine wichtige Komponente der flüssigen Fette, z. B. des Olivenöls und des Fischtrans.

Die Ölsäure läßt sich sehr leicht in die mit ihr isomere Elaidinsäure, eine feste Substanz vcm Schmelzpunkt 51°, umwandeln. Diese Isomerie hat ihre Ursache in der in der Mitte des Moleküls befindlichen Doppelbindung. Durch die Doppelbindung wird im Molekül eine Ebene festgelegt, und die beiden an den doppelt gebundenen Kohlenstoffatomen anhaftenden Reste können entweder auf der gleichen Seite oder auf verschiedenen Seiten dieser Ebene stehen; die Form, bei welcher die beiden Gruppen auf der gleichen Seite stehen, nennt man

„cis-Form", während die Form, bei welcher die beiden Gruppen auf verschiedenen Seiten angeordnet sind, als „trans-Form" bezeichnet wird („Cis-trans-Isomerie"). Die Ölsäure ist die cis-Form, die Elaidinsäure die trans-Form.

$$HC \cdot (CH_2)_7 \cdot COOH \qquad\qquad HC \cdot (CH_2)_7 \cdot COOH$$
$$\|\qquad\qquad\qquad\qquad\qquad\qquad\|$$
$$CH_3 \cdot (CH_2)_7 \cdot CH \qquad\qquad HC \cdot (CH_2)_7 \cdot CH_3$$

Elaidin-Säure (trans-Form)   Ölsäure (cis-Form)

Versuch Nr. 227. Ölsäure wird mit Wasser geschüttelt; die Ölsäure ist in Wasser unlöslich. Man erwärme und versetze tropfenweise mit Natriumhydroxyd-lösung, bis die Ölsäure gelöst ist; die Lösung enthält das Natriumsalz der Ölsäure. Diese Seifenlösung wird auf drei Reagensgläser verteilt und mit folgenden Reagenzien versetzt:

a) mit Schwefelsäure; die in Wasser unlösliche Ölsäure fällt aus;

b) mit festem Natriumchlorid; das Natriumsalz der Ölsäure fällt aus;

c) mit Calciumchlorid-lösung; das Calciumsalz der Ölsäure fällt aus.

Versuch Nr. 228. a) Eine Lösung von Ölsäure in Eisessig oder Chloroform (1 ccm Ölsäure und 3 ccm Eisessig oder Chloroform) wird tropfenweise mit einer Lösung von Brom in Eisessig oder Chloroform versetzt. Die braune Brom-lösung wird entfärbt, da das Brom an die im Molekül der Ölsäure vorhandenen Doppelbindung addiert wird (Nachweis der Doppelbindung in der Ölsäure, vgl. Vers. Nr. 260).

b) Eine Lösung von Stearin in Eisessig oder Chloroform wird tropfenweise mit einer Lösung von Brom in Eisessig oder Chloroform versetzt. Es tritt keine Entfärbung der Bromlösungen ein, da die im Stearin enthaltene Stearin- und Palmitinsäure gesättigte Fettsäuren sind.

e) Benzoesäure.

Die Benzoesäure, $C_6H_5 \cdot COOH$, ist eine kristallinische, weiße Substanz, die bei 121° schmilzt. Sie ist die einfachste aromatische Säure; in kaltem Wasser ist sie schwer löslich, dagegen löst sie sich leicht in heißem Wasser auf. Die Salze der Benzoesäure werden Benzoate genannt.

Versuch Nr. 229. Benzoesäure wird mit einigen Kubikzentimetern Wasser und Natriumhydroxyd-lösung versetzt. Das entstehende Natrium-benzoat ist in Wasser leicht löslich. Auf Zusatz von Chlorwasserstoffsäure scheidet sich die Benzoesäure wieder aus.

$$C_6H_5 \cdot COOH + NaOH = H_2O + Na(C_6H_5 \cdot COO);$$
$$Na(C_6H_5 \cdot COO) + HCl = NaCl + C_6H_5 \cdot COOH\downarrow.$$

Versuch Nr. 230. Etwas Benzoesäure wird in ein trockenes Reagensglas eingefüllt; das Reagensglas wird dann in ein Sandbad (mit Sand gefüllter Porzellantiegel) gestellt und dieses hierauf mit kleiner Flamme erwärmt. Die Benzoesäure verflüchtigt sich („sublimiert") und schlägt sich an den kälteren Teilen der Wandung des Reagensglases in weißen Kristallen wieder nieder. — Die Sublimation ist neben der Umkristallisation eine wichtige Methode zur Reinigung von Substanzen.

2. Mehrbasische Säuren.

Oxalsäure.

Die Oxalsäure, $COOH \cdot COOH$, ist die einfachste zweibasische Säure; sie kristallisiert mit 2 Molekülen Kristallwasser in farblosen Kristallen und schmilzt bei 101°. Die Salze der Oxalsäure nennt man Oxalate.

Versuch Nr. 231. Oxalsäure wird auf der Magnesiarinne erhitzt; sie verflüchtigt sich, ohne zu verkohlen, indem sie in Kohlendioxyd, Kohlenoxyd und Wasser zerfällt.

$$\begin{matrix} COOH \\ | \\ COOH \end{matrix} = CO_2\uparrow + CO\uparrow + H_2O\uparrow.$$

Versuch Nr. 232. Oxalsäure wird mit konzentrierter Schwefelsäure übergossen und schwach erwärmt. Unter Abspaltung von Wasser entsteht Kohlenoxyd, das beim Anzünden mit blauer Flamme verbrennt, und Kohlendioxyd, das durch die Trübung eines Tropfens Barytwasser nachgewiesen wird.

$$\begin{matrix} COOH \\ | \\ COOH \end{matrix} = CO_2\uparrow + CO\uparrow + H_2O.$$

Versuch Nr. 233. Eine wäßrige Lösung von Oxalsäure wird mit Schwefelsäure angesäuert und tropfenweise mit Kaliumpermanganat-lösung versetzt. Die Kaliumpermanganatlösung oxydiert die Oxalsäure und wird hierbei entfärbt.

$$\begin{matrix} COOH \\ | \\ COOH \end{matrix} + O = 2\,CO_2\uparrow + H_2O.$$

Anhang:

Cyanwasserstoffsäure.

Wasserfreie Cyanwasserstoffsäure oder „Blausäure", HCN, ist eine farblose Flüssigkeit, die bei 26° siedet. Sie riecht charakteristisch nach bitteren Mandeln und ist wie ihre Salze ein sehr gefährliches Gift

(Vorsicht!). In Wasser ist sie in jedem Verhältnis löslich; ihre Salze werden Cyanide genannt. Die Cyanwasserstoffsäure ähnelt in mancher Hinsicht in ihren Reaktionen den Halogenwasserstoffsäuren, so ist z. B. das Silbercyanid (AgCN) wie das Silberchlorid in Wasser unlöslich.

Versuch Nr. 234. Man löse ein Körnchen **Kaliumcyanid** in einigen Kubikzentimetern Wasser, füge Natronlauge hinzu, versetze mit zwei bis drei Tropfen einer frisch bereiteten **Eisen(II)-sulfat**-lösung und erhitze zum Sieden. Das zuerst aus der alkalischen Lösung ausfallende grünlich-weiße **Eisen(II)-hydroxyd** löst sich auf, und es entsteht **Kalium-hexacyanoferrat(II)**.

$$FeSO_4 + 2\,NaOH = Fe(OH)_2\downarrow + Na_2SO_4;$$
$$Fe(OH)_2 + 6\,KCN = K_4[Fe(CN)_6] + 2\,KOH.$$

Nun füge man zu der alkalischen Lösung einige Tropfen **Eisen(III)-chlorid**-lösung hinzu. Es fällt braunes **Eisen(III)-hydroxyd** aus. Säuert man mit Schwefelsäure an, so entsteht wieder Eisen(III)-salz, und dieses setzt sich mit dem **Kalium-hexacyanoferrat(II)** zu **Berliner Blau** um (vgl. Vers. Nr. 134).

$$4\,FeCl_3 + 3\,K_4[Fe(CN)_6] = Fe_4[Fe(CN)_6]_3\downarrow + 12\,KCl.$$

H. Derivate der Carbonsäuren.

I. Durch Umwandlung der Carboxylgruppe entstandene Säurederivate.

1. Ester.

Die Ester entstehen aus Säure und Alkohol unter Wasserabspaltung:

$$R \cdot O H + HO \diagdown \!\!\!\!\!\! \diagup \!\! \genfrac{}{}{0pt}{}{O}{C} \cdot R_1 = R \cdot O \diagdown \!\!\!\!\!\! \diagup \!\! \genfrac{}{}{0pt}{}{O}{C} \cdot R_1 + H_2O.$$

Dieser Vorgang entspricht formal der Neutralisation, also der Umsetzung von Säure und Base zu Salz und Wasser:

$$Na\,OH + H\,Cl = NaCl + H_2O.$$

Während aber die Neutralisation als eine **Ionen-Reaktion** momentan vor sich geht, spielt sich die Esterbildung zwischen **Molekülen** ab; sie verläuft nicht momentan und auch nicht vollständig, da das entstehende Wasser rückläufig den Ester teilweise wieder in seine Komponenten spaltet; erst wenn das Wasser entfernt wird (z. B. durch konzentrierte Schwefelsäure), verläuft die Esterbildung vollständiger. Viel leichter als mit der Säure selbst tritt die Esterbildung zwischen Säurechlorid und Alkohol ein (vgl. den folgenden Abschnitt über Säurechloride).

Den der Esterbildung entgegengesetzten Vorgang, also die Spaltung eines Esters in Säure und Alkohol durch Wasser, $R_1 \cdot COOR + H_2O = R_1 \cdot COOH + R \cdot OH$, nennt man „Verseifung" (vgl. S. 126). Die Verseifung wird durch Säuren bzw. Basen beschleunigt.

Versuch Nr. 235. Etwas Benzoesäure wird mit Äthylalkohol und einigen Tropfen konzentrierter Schwefelsäure versetzt und erwärmt. Es tritt der angenehme Geruch des Benzoesäureäthylesters auf (vgl. die Bildung von Essigsäureäthylester vgl. Vers. Nr. 194.

$$C_6H_5 \cdot CO \cdot OH + H \cdot O \cdot C_2H_5 = C_6H_5 \cdot CO \cdot OC_2H_5 + H_2O.$$

(Esterbildung aus Säure und Alkohol.)

Versuch Nr. 236. Einige Tropfen Benzoesäure-äthylester werden mit einigen Kubikzentimetern Natriumhydroxydlösung gekocht, bis eine klare Lösung entstanden und der Geruch des Esters verschwunden ist. Aus der erkalteten Lösung scheidet sich beim Ansäuern Benzoesäure aus.

$$C_6H_5 \cdot CO \cdot OC_2H_5 + NaOH = Na(C_6H_5 \cdot COO) + C_2H_5 \cdot OH,$$
$$Na(C_6H_5 \cdot COO) + HCl = C_6H_5 \cdot COOH\downarrow + NaCl.$$
(Verseifung eines Esters.)

Verwendet man statt des Benzoesäure-äthylesters den Essigsäure-äthylester, so tritt zum Schluß des Versuches der Geruch der Essigsäure auf.

2. Säurechloride.

Ersetzt man das Hydroxyl der Carboxylgruppe durch Chlor, so erhält man Säurechloride, z. B. $CH_3 \cdot C{<}^{O}_{Cl}$, Acetyl-chlorid.

Die Säurechloride sind durch große Reaktionsfähigkeit ausgezeichnet; durch Wasser, schneller durch Alkalilaugen, werden sie in Chlorwasserstoffsäure und Carbonsäuren, bzw. die entsprechenden Alkalisalze gespalten. Die große Reaktionsfähigkeit der Säurechloride benutzt man zum Nachweis der alkoholischen und phenolischen Hydroxylgruppe, z. B. das Benzoylchlorid, $C_6H_5 \cdot CO \cdot Cl$,

$$C_6H_5 \cdot CO \cdot Cl + H \cdot O \cdot C_2H_5 = C_6H_5 \cdot CO \cdot OC_2H_5 + HCl;$$

hierbei entstehen Ester der Benzoesäure, während die frei werdende Chlorwasserstoffsäure durch Natriumhydroxyd-lösung gebunden wird (Schotten-Baumannsche Reaktion).

Versuch Nr. 237. Einige Tropfen Acetylchlorid werden vorsichtig mit Wasser versetzt (Abzug!) und nach Beendigung der ersten heftigen Reaktion etwas erwärmt. Es tritt der Geruch nach Essigsäure auf; die entstandene Chlorwasserstoffsäure wird in der bekannten Weise mit Silbernitrat-lösung nachgewiesen.

$$CH_3 \cdot CO \cdot Cl + H_2O = CH_3 \cdot COOH + HCl.$$

(Spaltung eines Säurechlorids durch Wasser.)

Versuch Nr. 238. Einige Tropfen Benzoylchlorid werden vorsichtig mit Natriumhydroxyd-lösung versetzt (Abzug!) und die Mischung kräftig geschüttelt. Ist der Benzoylchloridgeruch verschwunden, so versetze man die Lösung bis zur sauren Reaktion mit Salpetersäure, filtriere den aus Benzoesäure bestehenden Niederschlag ab und weise im Filtrat das gebildete Natriumchlorid mit Silbernitrat-lösung nach.

$$C_6H_5 \cdot CO \cdot Cl + 2\,NaOH = Na(C_6H_5 \cdot COO) + NaCl + H_2O;$$
$$Na(C_6H_5 \cdot COO) + HNO_3 = C_6H_5 \cdot COOH{\downarrow} + NaNO_3.$$

3. Säureamide.

Ersetzt man das Hydroxyl einer Carboxylgruppe durch die (—NH$_2$)-Gruppe (Amino-gruppe), so entstehen Säureamide, z. B.

$$CH_3 \cdot C{\begin{subarray}{l} \diagup O \\ \diagdown NH_2 \end{subarray}}$$, Acetamid. Während die Amine als Alkylderivate des Ammoniaks aufzufassen und durch ihren basischen Charakter ausgezeichnet sind, hat man die Amide als Acylderivate des Ammoniaks anzusehen. Infolge des Zusammentretens der basischen Aminogruppe und der sauren Acylgruppe haben die Säureamide sowohl schwach basische als auch saure Eigenschaften.

Durch Natriumhydroxyd-lösung werden die Amide in Säure und Ammoniak gespalten, $R \cdot CO \cdot NH_2 + NaOH = Na(R \cdot COO) + NH_3$ (vgl. dagegen das Verhalten der Amine, S. 102).

Salpetrige Säure führt die Aminogruppe des Säureamids in die Hydroxylgruppe über, und es entsteht unter Abspaltung von Stickstoff die Carbonsäure, $R \cdot CO \cdot N H_2 + O N OH = R \cdot COOH + N_2 + H_2O$ (vgl. das entsprechende Verhalten der Amine, S. 102).

Allgemeine Reaktionen der Säureamide.

Versuch Nr. 239. Acetamid wird mit Natriumhydroxyd-lösung erwärmt. Es entweicht Ammoniak, das an seinem Geruch erkannt werden kann; ein in die Dämpfe gehaltener, angefeuchteter Streifen rotes Lackmuspapier wird gebläut.

$$CH_3 \cdot CO \cdot NH_2 + NaOH = Na(CH_3COO) + NH_3\uparrow.$$

(Spaltung eines Säureamids durch Natriumhydroxyd.)

Versuch Nr. 240. Etwas Acetamid wird mit Natriumnitrit-lösung und Chlorwasserstoffsäure versetzt. Das Amid setzt sich mit der entstehenden salpetrigen Säure zu Essigsäure, Stickstoff und Wasser um. Der Stickstoff wird dadurch nachgewiesen, daß ein in das Reagensglas eingeführter glimmender Holzspan erlischt.

$$CH_3 \cdot CO \cdot N\,H_2 + O\,N\,OH = CH_3 \cdot COOH + N_2\uparrow + H_2O.$$

Harnstoff.

Das Amid der Kohlensäure, der Harnstoff $\left(CO\!\!<^{NH_2}_{NH_2} \right)$, findet sich als letztes Abbauprodukt der Eiweißstoffe im Harn der Säugetiere. Der Harnstoff bildet farblose Kristalle, die in Wasser leicht löslich sind. Infolge der Anwesenheit von zwei Aminogruppen hat der Harnstoff ausgesprochen basische Eigenschaften und bildet mit Säuren Salze.

Versuch Nr. 241. Eine konzentrierte, wäßrige Lösung von Harnstoff wird mit einigen Tropfen konzentrierter Salpetersäure versetzt. Es kristallisiert das schwer lösliche Nitrat des Harnstoffs, $CO(NH_2)$, HNO_3, aus.

Versuch Nr. 242. Harnstoff wird mit Natriumhydroxydlösung erwärmt. Es entweicht Ammoniak (vgl. Vers. Nr. 239).

$$CO(NH_2)_2 + 2\,NaOH = Na_2CO_3 + 2\,NH_3\uparrow.$$

Beim Ansäuern des Reaktionsgemisches entsteht Kohlensäure, die sofort in Wasser und Kohlendioxyd zerfällt; das Kohlendioxyd wird durch einen Tropfen Barytwasser nachgewiesen.

Versuch Nr. 243. Etwas Harnstoff wird mit Natriumnitrit-lösung und Chlorwasserstoffsäure versetzt. Der Harnstoff wird in Kohlensäure, Stickstoff und Wasser gespalten; die Kohlensäure zerfällt sofort in Kohlendioxyd und Wasser.

$$CO(NH_2)_2 + 2\,HNO_2 = 3\,H_2O + CO_2\uparrow + 2\,N_2\uparrow.$$

Versuch Nr. 244. Harnstoff wird in einem trockenen Reagensglas erhitzt. Zunächst schmilzt der Harnstoff, dann entweicht unter Aufschäumen Ammoniak (Nachweis durch Geruch und Lackmuspapier), und es entsteht „Biuret“:

$$2\,CO(NH_2)_2 = NH_2 \cdot CO \cdot NH \cdot CO \cdot NH_2 + NH_3\uparrow.$$

Sobald die Gasentwicklung aufgehört hat, läßt man abkühlen und löst die erstarrte Schmelze in einem halben Reagensglas

Wasser auf. Fügt man nun zu der Lösung 1 bis 2 Tropfen Natrium-hydroxyd-lösung und einige Tropfen sehr verdünnte **Kupfer-sulfat**-lösung hinzu, so entsteht eine **rot-violette** Färbung (**Biuretreaktion**).

II. Durch Substitution im Kohlenwasserstoffrest entstandene Säure-derivate.

1. Oxysäuren.

Wird ein Wasserstoffatom des Kohlenwasserstoffrestes einer Carbonsäure durch eine Hydroxylgruppe ersetzt, so erhält man eine Oxysäure, z. B. $CH_3 \cdot COOH \rightarrow CH_2OH \cdot COOH$, Oxyessig-säure.

Besteht der Kohlenwasserstoffrest aus mehreren Kohlenstoff-atomen, so können je nach der **Stellung der Hydroxyl-gruppe** isomere Oxysäuren entstehen. Um die Stellung der Hydroxylgruppe eindeutig angeben zu können, bezeichnet man die Kohlenstoffatome des Kohlenwasserstoffrestes von der Carboxylgruppe aus mit griechischen Buchstaben, z. B. bei der Propionsäure, $\underset{\beta}{CH_3} \cdot \underset{\alpha}{CH_2} \cdot COOH$; beim Eintritt der Hydroxyl-gruppe in das Molekül der Propionsäure kann dieselbe am α- oder β-Kohlenstoffatom gebunden werden, und dementsprechend unter-scheidet man die beiden möglichen isomeren Oxysäuren als

$$\alpha\text{-Oxy-propionsäure: } CH_3 \cdot CHOH \cdot COOH \text{ und}$$
$$\beta\text{-Oxy-propionsäure: } CH_2OH \cdot CH_2 \cdot COOH.$$

a) Milchsäure.

Die Milchsäure, $CH_3 \cdot CHOH \cdot COOH$, ist die α-Oxy-propion-säure. Sie kann in **drei** isomeren Formen auftreten, die chemisch einander sehr nahestehen, sich aber dadurch unterscheiden, daß die eine Form die Ebene des polarisierten Lichtes nach **rechts** (d-Form)[1], die andere um den gleichen Betrag nach **links** (l-Form)[1] ablenkt; eine dritte Form besteht aus gleichen Teilen der rechts- und linksdrehenden Form und lenkt deshalb die Ebene des polarisierten Lichts **nicht** ab (d, l-Form; racemische Form), durch geeignete Mittel läßt diese Form sich aber in die Kom-ponenten spalten.

Die Ursache der optischen Aktivität, ist das „asymmetri-sche" **Kohlenstoffatom**, d. h. ein Kohlenstoffatom (*), dessen

---

[1] d von dexter (rechts); l von laevus (links).

vier Valenzen durch vier verschiedene Atome oder Atomgruppen abgesättigt sind, z. B. in der α-Oxy-propionsäure:

$$\mathrm{H_3C}\diagdown \overset{*}{\underset{\diagup}{\mathrm{C}}}\diagup \mathrm{OH}$$
$$\mathrm{H}\diagup \quad \diagdown \mathrm{COOH}$$

Die vier Valenzen eines jeden Kohlenstoffatoms sind derart
im Raume verteilt, daß sie nach den Ecken eines regulären
Tetraeders weisen, in dessen Mittelpunkt das Kohlenstoffatom
steht. Sind die vier Valenzen des Kohlenstoffatoms nun durch
vier verschiedene Atome oder Atomgruppen abgesättigt, so sind
zwei räumlich verschiedene Anordnungen möglich („Stereo-
isomerie"), die sich nicht zur Deckung bringen lassen, sondern
sich wie Bild und Spiegelbild zueinander verhalten. Von diesen
beiden stereoisomeren Formen lenkt die eine die Ebene des
polarisierten Lichtes nach links, die andere um den gleichen
Betrag nach rechts ab. Alle Stoffe, die asymmetrische
Kohlenstoffatome enthalten, treten in optisch aktiven
Formen auf.

Die Größe der Ablenkung der Ebene des polarisierten Lichtes
ist für die verschiedenen optisch aktiven Substanzen unter sonst
gleichen Bedingungen verschieden groß; für ein und dieselbe
Substanz ist sie abhängig von der Länge der von dem polarisierten Licht durchstrahlten Flüssigkeitsschicht und dem Gehalt
der Lösung an optisch aktiver Substanz. Diese Tatsachen benutzt
man, um den unbekannten Gehalt einer Lösung an optisch
aktiver Substanz zu bestimmen, indem man die Größe der Ablenkung der Ebene des polarisierten Lichtes mit Hilfe eines
Polarisations-apparates mißt. In der Medizin findet dieses Verfahren vor allem Anwendung zur Bestimmung des Zuckergehaltes
im Harn.

Die Milchsäure bildet meist einen stark sauer reagierenden Sirup, nur
in völlig reinem Zustande ist sie kristallinisch und schmilzt bei 18°. Ihre
Salze werden als Lactate bezeichnet. Durch vorsichtige Oxydation läßt
sich die sekundäre Alkoholgruppe der Milchsäure zu einer Carbonylgruppe
oxydieren, und es entsteht eine Keto-carbonsäure, die Brenztraubensäure.
Die rechtsdrehende Form der Milchsäure ist physiologisch wichtig,
sie findet sich in der Muskelflüssigkeit und wird deshalb „Fleischmilchsäure"
genannt.

Versuch Nr. 245. Einige Tropfen Milchsäure werden mit etwas verdünnter Schwefelsäure und Kaliumpermanganat-
lösung versetzt. Die Kaliumpermanganat-lösung entfärbt sich,
und es tritt der charakteristische Geruch der Brenztraubensäure auf.

$$CH_3 \cdot CHOH \cdot COOH \xrightarrow{+O} CH_3 \cdot CO \cdot COOH.$$

Wird das Reaktionsgemisch jetzt erwärmt, so geht die Brenztraubensäure unter Abspaltung von Kohlendioxyd („Decarboxylierung") in Acetaldehyd über, der an seinem Geruch erkannt werden kann.

$$CH_3 \cdot CO \cdot COOH = CO_2\uparrow + CH_3 \cdot CHO\uparrow.$$

b) Weinsäure.

Die Weinsäure, HOOC · $\overset{*}{C}$HOH · $\overset{*}{C}$HOH · COOH, ist eine zweibasische Oxysäure und enthält zwei alkoholische Hydroxylgruppen. Sie bildet farblose Kristalle, die in Wasser löslich sind. Da im Molekül der Weinsäure zwei asymmetrische Kohlenstoffatome (*) vorhanden sind, kann sie in optisch aktiven Formen auftreten. Die Salze der Weinsäure nennt man Tartrate, z. B. KOOC · $(CHOH)_2$ · COOH, saures Kaliumtartrat, „Weinstein". Die sekundären Alkoholgruppen der Weinsäure können unter Wasserabspaltung mit Metallhydroxyden, z. B. $Cu(OH)_2$, reagieren (Fehlingsche Lösung).

Versuch Nr. 246. Man versetze Kupfersulfat-lösung mit Natriumhydroxyd-lösung. Es fällt blaues Kupfer-hydroxyd aus, das sich auf Zusatz von „Seignette-salz" (Kalium-natriumtartrat) zu einer tiefblauen Lösung auflöst (Fehlingsche Lösung). Die Fehlingsche Lösung wird mit einigen Tropfen Formalinlösung versetzt und zum Sieden erhitzt. Es scheidet sich gelbrotes Kupfer(I)-oxyd aus (vgl. Vers. Nr. 152).

c) Salicylsäure.

Wird ein Wasserstoffatom am Ring der Benzoesäure durch eine Hydroxylgruppe ersetzt, so entsteht eine aromatische Oxysäure (Phenol-carbonsäure). Die Hydroxyl- und die Carboxylgruppe können in drei verschiedenen Stellungen zueinander stehen, und dementsprechend gibt es drei isomere Oxy-benzoesäuren, die man als „ortho"-, „meta"- und „para"-Oxybenzoesäuren unterscheidet:

COOH	COOH	COOH
ortho- (o)	meta- (m)	para- (p)

Oxy-benzoesäure.

Die gleichen Isomerieverhältnisse treten bei allen Di-substitutions-produkten des Benzols auf.

Die Salicylsäure ist die o-Oxybenzoesäure, sie bildet farblose Kristalle, die in Wasser schwer löslich sind, und schmilzt bei 155°. Sowohl die Säure selbst als auch ihr Natriumsalz, das „Salicyl", haben fäulnishemmende Wirkung und dienen daher als Antiseptikum. Viele Abkömmlinge der Salicylsäure werden als Heilmittel verwendet, erwähnt sei das „Aspirin":

$$\text{COOH}$$

$$—\text{O} \cdot \text{CO} \cdot \text{CH}_3.$$

Aspirin (Acetyl-Salicylsäure).

Versuch Nr. 247. Etwas Salicylsäure wird mit Wasser einige Zeit geschüttelt, die wäßrige Lösung vom Ungelösten abgegossen und mit einem Tropfen Eisen(III)-chlorid-lösung versetzt. Es tritt eine violette Färbung ein (Reaktion der phenolischen Hydroxylgruppe, vgl. Vers. Nr. 202).

Versuch Nr. 248. Man wiederhole den Versuch mit Acetylsalicylsäure. Die Färbung mit Eisen(III)-chlorid bleibt aus, da die phenolische Hydroxylgruppe der Salicylsäure durch Essigsäure verestert ist.

2. Aminosäuren.

Wird ein Wasserstoffatom des Kohlenwasserstoffrestes einer Carbonsäure durch eine Amino-gruppe ($—\text{NH}_2$) ersetzt, so entsteht eine Aminosäure, z. B. $\text{CH}_3 \cdot \text{COOH} \rightarrow \text{CH}_2\text{NH}_2 \cdot \text{COOH}$, Amino-essigsäure oder „Glykokoll". Die Stellung der Amino-gruppe zur Carboxylgruppe wird in derselben Weise wie bei den Oxysäuren gekennzeichnet (vgl. S. 119). Die α-Aminosäuren sind am Aufbau der Eiweißstoffe maßgebend beteiligt.

Das Molekül der Aminosäuren weist sowohl eine saure ($—\text{COOH}$) als auch eine basische ($—\text{NH}_2$)-Gruppe auf, die sich gegenseitig neutralisieren („inneres Salz"). Für das Glykokoll ergibt sich demgemäß folgende Formulierung:

$$\begin{array}{ccc} \text{CH}_2 \cdot \text{NH}_2 & & \text{CH}_2 \cdot \text{NH}_3]^+ \\ | & \rightarrow & | \\ \text{COOH} & & \text{COO}]^- \end{array}$$

Die Aminosäuren sind feste weiße Substanzen, die in Wasser leicht löslich und in Äther unlöslich sind (salzartiger Charakter). Im Gegensatz zu den wäßrigen Lösungen der Salze leiten aber die wäßrigen Lösungen der Aminosäuren den elektrischen Strom nicht, da weder Kationen noch Anionen vorhanden sind, vielmehr sind in jedem Molekül einer Aminosäure ein positives und ein negatives Ion untrennbar vereinigt („Zwitterionen" oder „Ampholyte").

Versuch Nr. 249. Glykokoll wird mit Natriumhydroxyd-lösung schwach erwärmt. Im Gegensatz zu den Säureamiden wird aus den Aminosäuren kein Ammoniak abgespalten (vgl. Vers. Nr. 239).

Versuch Nr. 250. Etwas Glykokoll wird mit Natriumnitrit-lösung und Chlorwasserstoffsäure versetzt. Die Aminogruppe wird unter Abspaltung von Stickstoff durch die Hydroxylgruppe ersetzt (vgl. das entsprechende Verhalten der Amine und Säureamide gegenüber salpetriger Säure, Vers. Nr. 207 und Vers. Nr. 240). Es entsteht eine Oxysäure (Glykolsäure).

$$CH_2NH_2 \cdot COOH + HNO_2 = CH_2OH \cdot COOH + N_2\uparrow + H_2O.$$

Versuch Nr. 251. Glykokoll wird in Wasser gelöst und mit Natriumhydroxyd-lösung und nur einem Tropfen Benzoylchlorid versetzt. Die entstehende Benzoylverbindung des Glykokolls bleibt als Natriumsalz gelöst; auf Zusatz von Chlorwasserstoffsäure scheidet sich das Benzoyl-glykokoll, die „Hippursäure", in weißen Nädelchen kristallinisch aus.

$$C_6H_5 \cdot CO \cdot Cl + H HN \cdot CH_2 \cdot COOH + 2 NaOH$$
$$= C_6H_5 \cdot CO \cdot NH \cdot CH_2 \cdot COONa + NaCl + 2 H_2O,$$
$$C_6H_5 \cdot CO \cdot NH \cdot CH_2 \cdot COONa + HCl$$
$$= C_6H_5 \cdot CO \cdot NH \cdot CH_2 \cdot COOH\downarrow + NaCl.$$

Versuch Nr. 252. Etwas Glykokoll wird in Wasser gelöst, mit einer Messerspitze Kupfer-carbonat versetzt und gekocht. Es entsteht Glykokoll-kupfer, das sich nach dem Filtrieren aus der entstandenen heißen blauen Lösung beim Abkühlen in himmelblauen Nädelchen ausscheidet.

$$2 CH_2NH_2 \cdot COOH + CuCO_3 = H_2O + CO_2\uparrow + Cu(CH_2NH_2 \cdot COO)_2\downarrow.$$

I. Heterocyclische Verbindungen.

Die heterocyclischen Verbindungen enthalten Ringsysteme, deren Ringglieder nicht nur aus Kohlenstoffatomen bestehen (vgl. S. 91). Sie sind die Bausteine vieler wichtiger Naturstoffe, z. B. der Alkaloide, des Blut- und des Pflanzenfarbstoffes, des Indigos. Viele der heterocyclischen Verbindungen sind wichtige Heilmittel, z. B. Antipyrin, Pyramidon, Morphin, Chinin und andere.

Besonders wichtig unter den heterocyclischen Verbindungen sind diejenigen, die Stickstoff als Glied eines Fünf- oder Sechsringes enthalten, z. B.:

Pyrrol, C_4H_5N Pyridin, C_5H_5N.

Von den kondensierten heterocyclischen Ringsystemen sei das Chinolin erwähnt:

$=$ Chinolin, C_9H_7N.

a) Pyrrol.

Das Pyrrol, C_4H_5N, ist von besonderem Interesse, da es am Aufbau des Blutfarbstoffes und des Clorophylls sowie einiger Alkaloide beteiligt ist. Es ist ein farbloses Öl vom Siedepunkt 131°, das sich an der Luft bräunt und das in Wasser schwer löslich ist.

Versuch Nr. 253. Eine wäßrige Lösung, die durch Schütteln von wenig Pyrrol mit Wasser bereitet ist, wird zum Sieden erhitzt. Hält man in die charakteristisch riechenden Dämpfe einen mit Chlorwasserstoffsäure benetzten Fichtenspan, so färbt dieser sich kirschrot. Diese Reaktion tritt mit Pyrrol und allen Pyrrol-Abkömmlingen ein („Pyrrolreaktion").

b) Pyridin.

Das Pyridin, C_5H_5N, ist eine farblose Flüssigkeit von unangenehmem Geruch und basischen Eigenschaften; es siedet bei 115° und ist in Wasser leicht löslich. Der Pyridinring ist ein Baustein sehr vieler Alkaloide, z. B. des Nikotins und des Cocains, deshalb gibt das Pyridin die meisten der sogenannten „Alkaloid-reaktionen" (vgl. S. 137).

Versuch Nr. 254. Einige Kubikzentimeter Pyridin werden in einem Reagensglas Wasser gelöst und die Lösung auf fünf Reagensgläser verteilt.

1. Die wäßrige Pyridin-lösung wird mit rotem Lackmuspapier geprüft, sie zeigt basische Reaktion. a) Auf Zusatz von Chlorwasserstoffsäure verschwindet der unangenehme Geruch des Pyridins, und es entsteht das in Wasser leicht lösliche

salzsaure Pyridin (C₅H₅N · HCl). b) Mit Eisen(III)-chlorid-lösung fällt Eisen(III)-hydroxyd aus.

2. **Alkaloidreaktionen:** Man versetze wäßrige Pyridin-lösung mit folgenden Reagenzien: a) Gerbstoff-lösung, b) Jod-jodkalium-lösung, c) Neßlers Reagens. — In allen Fällen entsteht ein Niederschlag.

c) Chinolin.

Das Chinolin, C₉H₇N, ist eine farblose Flüssigkeit vom Siedepunkt 239°. Es hat einen unangenehmen, durchdringenden Geruch, besitzt basische Eigenschaften und ist in Wasser wenig löslich. Das Ringsystem des Chinolins ist im Chinin enthalten.

Versuch Nr. 255. Einige Tropfen Chinolin werden mit Wasser geschüttelt, wobei die Hauptmenge ungelöst bleibt. Auf Zusatz von Chlorwasserstoffsäure tritt Auflösung ein, da das in Wasser leicht lösliche salzsaure Chinolin (C₉H₇N · HCl) entsteht. Durch Natriumhydroxyd-lösung wird das Chinolin als milchige Trübung wieder ausgeschieden.

Versuch Nr. 256. Die wäßrige Lösung des Chinolins gibt die Alkaloidreaktionen (vgl. Pyridin).

K. Purine.

Der Stammkörper der Purin-gruppe ist das Purin, ein System zweier kondensierter stickstoffhaltiger Ringe. Das wichtigste Derivat des Purins, ein Trioxy-purin, ist die Harnsäure,

N═CH   HN─CO

HC   C─NH   OC   C─NH

        ⟩CH   ⟩CO

N─C─N   NH─C─NH

Purin   Harnsäure

die als Endprodukt des Eiweißstoffwechsels der Vögel und Reptilien auftritt. Auch beim Menschen kommt es zur Ausscheidung von Harnsäure, daneben findet, wie bei den Säugetieren, ein Abbau der Harnsäure zum Harnstoff (vgl. S. 118) statt. Harnsäure und Harnstoff stehen in einem genetischen Zusammenhang; wie die Formel der Harnsäure erkennen läßt, sind zwei Moleküle Harnstoff am Aufbau des Harnsäuremoleküls beteiligt.

Versuch Nr. 257. Einige Körnchen Harnsäure werden in einem Porzellantiegel mit einigen Tropfen konzentrierter Salpetersäure übergossen und mit kleiner Flamme vorsichtig unter dem Abzuge bis zur Trockne erhitzt. Nach dem Erkalten wird der Eindampfrückstand mit einigen Tropfen konzentrischer Ammoniak-lösung versetzt; es entsteht eine dunkel-kirschrote Färbung („Murexid-reaktion"). Auf Zusatz von Natriumhydroxyd-lösung geht die Farbe in Violett über.

L. Fette.

Die tierischen und pflanzlichen Fette sind die Ester des dreiwertigen Alkohols Glycerin mit verschiedenen kohlenstoffreichen Säuren.

Die Fettsäuren mit 16 und 18 Kohlenstoffatomen,

die Palmitinsäure $CH_3 \cdot (CH_2)_{14} \cdot COOH$,
die Stearinsäure $CH_3 \cdot (CH_2)_{16} \cdot COOH$ und
die Ölsäure $CH_3 \cdot (CH_2)_7 \cdot CH = CH \cdot (CH_2)_7 \cdot COOH$,

treten am häufigsten und stets gemeinsam als Säure-komponenten in den Fetten auf; daneben kommen auch niedrigere Fettsäuren vor, z. B. die Buttersäure, $CH_3 \cdot CH_2 \cdot CH_2 \cdot COOH$, in der Butter. Ein hoher Gehalt eines Fettes an ungesättigten Fettsäuren bewirkt, daß es bei gewöhnlicher Temperatur flüssig ist (z. B. Olivenöl), während die Fette, die sich von den gesättigten Fettsäuren ableiten, fest sind. Die Fette sind unlöslich in Wasser, sie lösen sich aber in organischen Lösungsmitteln wie Äther, Eisessig, Benzol usw.

Durch Kochen mit Alkalilauge werden die Fette in Glycerin und die Alkalisalze der Fettsäuren, die Seifen, gespalten (Verseifung eines Fettes):

$$
\begin{array}{ll}
CH_2O \cdot OC \cdot (CH_2)_{14} \cdot CH_3 & CH_2OH \\
| & | \\
CHO \cdot OC \cdot (CH_2)_{14} \cdot CH_3 + 3\,KOH = CHOH + 3\,K(CH_3 \cdot (CH_2)_{14} \cdot COO). \\
| & | \\
CH_2O \cdot OC \cdot (CH_2)_{14} \cdot CH_3 & CH_2OH
\end{array}
$$

Glycerin-ester der Palmitinsäure $\qquad\qquad$ Glycerin

Bei gewöhnlicher Temperatur kann die Spaltung der Fette in Glycerin und Fettsäure durch fettspaltende Enzyme, die „Lipasen", bewirkt werden.

Versuch Nr. 258. Ein Tropfen Olivenöl wird in einem trockenen Reagensglas erhitzt (Abzug!). Das im Fett enthaltene Glycerin geht unter Wasserabspaltung in Acrolein über (vgl. Vers. Nr. 200). (Nachweis von Glycerin in den Fetten.)

Versuch Nr. 259. Ein Tropfen Olivenöl wird mit einigen Kubikzentimetern Alkohol und einem Stückchen Kaliumhydroxyd versetzt und einige Zeit zum Sieden erhitzt. Das Olivenöl wird in Glycerin und Fettsäuren, hauptsächlich Ölsäure, gespalten (Verseifung). Man verdünne das Reaktionsgemisch mit dem doppelten Volumen Wasser und verteile die Lösung[1] auf zwei Reagensgläser.

a) Den einen Teil der Lösung säuere man mit Schwefelsäure an; die in Wasser unlösliche Ölsäure fällt als milchige Trübung aus.

b) Den anderen Teil der Lösung versetze man mit Calciumchlorid-lösung; das Calciumsalz der Ölsäure fällt aus.

Versuch Nr. 260. Man versetze eine Lösung von Brom in Eisessig mit einer Lösung von Olivenöl in Eisessig (0,5 ccm Olivenöl + 2 ccm Eisessig). Es tritt Entfärbung ein. (Nachweis der ungesättigten Fettsäure, vgl. Vers. Nr. 228).

In entsprechender Weise wie Brom wird auch Jod von den ungesättigten Fettsäuren angelagert, und die „Jodzahl" der Fette, d. h. die Menge Jod, die von einem Fett angelagert werden kann, ist ein Maß für die Ungesättigtheit eines Fettes.

M. Kohlenhydrate.

Unter dem Namen „Kohlenhydrate" wird eine große Zahl wichtiger in der Natur vorkommender Verbindungen zusammengefaßt, die außer Kohlenstoff nur noch Wasserstoff und Sauerstoff in demselben Mengenverhältnis wie im Wasser enthalten; den Kohlenhydraten kommt daher die allgemeine Formel $C_n(H_2O)_m$ zu.

Die Kohlenhydrate werden eingeteilt in:

1. Monosaccharide oder einfache Zucker von der allgemeinen Formel $C_nH_{2n}O_n$, z. B. $C_6H_{12}O_6$.

Die Monosaccharide sind in Wasser leicht, in organischen Lösungsmitteln schwer oder gar nicht löslich; sie schmecken meist süß und zeigen Aldehyd- oder Ketonreaktionen.

2. Disaccharide; sie sind entstanden zu denken durch Wasserabspaltung aus zwei Molekülen eines Monosaccharids, z. B. $2\,C_6H_{12}O_6 - H_2O = C_{12}H_{22}O_{11}$.

Die Disaccharide stehen den einfachen Zuckern in bezug auf die Löslichkeit, den Geschmack und viele chemische Eigenschaften sehr nahe.

---

[1] Ist die Verseifung vollständig, so erhält man eine klare Lösung, da sowohl das gebildete Glycerin als auch die entstehende Ölsäure, letztere als Kaliumsalz, in Wasser löslich sind. Ist noch unverseiftes Fett vorhanden, entsteht keine klare Lösung, da das Fett in Wasser unlöslich ist.

3. **Polysaccharide.** Auch die Polysaccharide sind entstanden zu denken durch Wasserabspaltung aus den Monosacchariden, aber die Zahl der sich kondensierenden Monosaccharid-moleküle ist sehr groß und nicht genau bekannt. Allgemeine Formel: $(C_6H_{10}O_5)x$.

Die Polysaccharide weichen in ihren Eigenschaften von den Monosacchariden stark ab, so sind sie in Wasser nicht mehr echt, sondern höchstens kolloid löslich.

1. Monosaccharide.

Die Monosaccharide enthalten eine unverzweigte Kohlenstoffkette von drei bis zehn Kohlenstoffatomen und sind als die ersten Oxydationsprodukte mehrwertiger Alkohole aufzufassen (Aldehyd- bzw. Ketonalkohole). Sie werden, je nachdem, ob sie außer den nicht oxydierten alkoholischen Hydroxylgruppen eine Aldehyd- oder Ketongruppe enthalten, als **Aldosen** oder **Ketosen** bezeichnet. Nach der Zahl der im Molekül vorhandenen Kohlenstoffatome unterscheidet man die Monosaccharide auch als Triosen $(C_3H_6O_3)$, Tetrosen $(C_4H_8O_4)$, Pentosen $(C_5H_{10}O_5)$, Hexosen $(C_6H_{12}O_6)$ usw.

In der Natur sind nur die **Pentosen** und **Hexosen** verbreitet; die übrigen sind synthetisch gewonnen worden.

Die wichtigsten Monosaccharide sind die Hexosen, insbesondere die **d-Glucose** („Traubenzucker"), eine Aldo-hexose, und die **d-Fructose** („Fruchtzucker"), eine Keto-hexose.

$$
\begin{array}{ll}
\begin{array}{l}
C{\displaystyle {\nearrow H \atop \searrow O}} \\
| \\
CHOH \\
| \\
CHOH \\
| \\
CHOH \\
| \\
CHOH \\
| \\
CH_2OH
\end{array}
&
\begin{array}{l}
\text{= d-Glucose} \\
\text{(Traubenzucker)}
\end{array}
\qquad
\begin{array}{l}
CH_2OH \\
| \\
C{=}O \\
| \\
CHOH \\
| \\
CHOH \\
| \\
CHOH \\
| \\
CH_2OH
\end{array}
&
\begin{array}{l}
\text{= d-Fructose} \\
\text{(Fruchtzucker)}
\end{array}
\end{array}
$$

Die Hexosen enthalten mehrere **asymmetrische** Kohlenstoffatome, sie sind optisch aktiv und können in zahlreichen stereoisomeren Formen auftreten; so sind z. B. die Aldosen Galaktose und Mannose stereoisomer mit der Glucose.

Die Hexosen liegen streng genommen nicht in der Form mit offener Kohlenstoffkette vor, sondern die Carbonylgruppe ist mit einer alkoholischen Hydroxylgruppe desselben Moleküls unter Bildung eines „**Halbacetals**" derart in Reaktion getreten, daß ein

Ringsystem aus Kohlenstoffatomen und einem Sauerstoffatom entsteht, z. B.

$$
\begin{array}{cc}
\text{Halbacetal-form der d-Glucose} & \text{Halbacetal-form der d-Fructose}
\end{array}
$$

Die Halbacetale gehen in wäßriger Lösung teilweise in die Formen mit offener Kohlenstoffkette über, die die freie Aldehyd- bzw. Ketongruppe enthalten. Daher zeigen die Hexosen in wäßriger Lösung die **Kondensations- und Additionsreaktionen** der Aldehyde bzw. Ketone. Die Aldo-hexosen haben ferner als Aldehyde **reduzierende Eigenschaften**; aber auch die Keto-hexosen können reduzierend wirken, weil die der Carbonylgruppe benachbarte primäre Alkoholgruppe leicht oxydiert werden kann. Außerdem zeigen die Hexosen stets die **Reaktionen der alkoholischen Hydroxylgruppen**.

Ein sehr wichtiger Abbau der Hexosen ist die „**alkoholische Gärung**", d. h. die Spaltung in Alkohol und Kohlendioxyd durch Hefe-Enzyme:

$$C_6H_{12}O_6 = 2\,C_2H_5OH + 2\,CO_2.$$

Die folgenden Versuche werden mit d-Glucose ausgeführt; die übrigen Hexosen verhalten sich in ihren Reaktionen ganz ähnlich; Unterschiede bestehen vor allem in der Vergärbarkeit.

d-Glucose.

Die d-Glucose bildet farblose Kristalle von süßem Geschmack, die in Wasser leicht, in organischen Lösungsmitteln schwer löslich sind; sie ist optisch aktiv[1]. Die d-Glucose ist in der Natur weit verbreitet, vor allem findet sie sich in den reifen Früchten; aber nicht nur frei, sondern auch in den „Glucosiden" kommt sie vor. Die Glucoside sind Verbindungen der d-Glucose mit anderen Stoffen, z. B. Alkoholen und Phenolen. Zu den Glucosiden gehören u. a. das in den bitteren Mandeln enthaltene Amygdalin und die Blüten- und Beerenfarbstoffe („Anthocyane"). Durch verdünnte Säuren oder Enzyme werden die Glucoside aufgespalten, z. B. das Amygdalin in d-Glucose, Blausäure und Benzaldehyd.

---

[1] Über die auf der optischen Aktivität beruhende Gehaltsbestimmung einer Lösung an Traubenzucker vgl. S. 120.

Versuch Nr. 261. Eine wäßrige Glucose-lösung wird mit Natriumhydroxyd-lösung erwärmt. Die Lösung färbt sich infolge der Bildung von Kondensationsprodukten gelb bis braun (Hellersche oder Mooresche Probe).

Versuch Nr. 262. Glucose-lösung wird mit Natriumhydroxyd-lösung und einigen Tropfen Benzoylchlorid versetzt und so lange kräftig geschüttelt, bis der Geruch nach Benzoylchlorid verschwunden ist. Es scheidet sich der Benzoesäureester der Glucose in weißen Flocken aus. (Nachweis der alkoholischen Hydroxylgruppen nach Schotten-Baumen.)

Versuch Nr. 263. Einige Kubikzentimeter Silbernitrat-lösung werden in einem reinen Reagensglas mit wenig Ammoniaklösung im Überschuß versetzt. Gibt man nun Glucose-lösung hinzu und erwärmt, so entsteht ein Silberspiegel. — (Reduktionswirkung der Glucose.)

Versuch Nr. 264. Glucose-lösung wird mit Fehlingscher Lösung versetzt und erwärmt. Es entsteht ein gelbroter Niederschlag von Kupfer(I)-oxyd. — (Reduktionswirkung der Glucose.)

Versuch Nr. 265. Glucose-lösung wird mit Natrium-hydroxyd-lösung stark alkalisch gemacht und dann tropfenweise mit so wenig Kupfersulfat-lösung versetzt, daß beim Umschütteln eine klare, blaue Lösung entsteht. — Das zuerst ausfallende Kupfer(II)-hydroxyd löst sich wieder auf, da es durch die alkoholischen Hydroxylgruppen der Glucose, analog wie bei der Fehlingschen Lösung durch die alkoholischen Hydroxylgruppen der Weinsäure, gebunden wird. — Erhitzt man jetzt die Lösung bis fast zum Sieden, so fällt ein gelbroter Niederschlag von Kupfer(I)-oxyd aus (Trommersche Probe). — (Reduktionswirkung der Glucose.)

Versuch Nr. 266. Glucose-lösung wird mit einem Kubikzentimeter Nylanders Reagens zum Sieden erhitzt. Es scheidet sich metallisches Wismut als schwarzer Niederschlag aus (Nylandersche Probe). — (Reduktionswirkung der Glucose.)

Nylanders Reagens ist eine alkalische Lösung von Wismutnitrat und Seignettesalz. Das zuerst entstehende Wismuthydroxyd wird analog wie das Kupfer(II)-hydroxyd in der Fehlingschen Lösung durch die alkoholischen Hydroxylgruppen des Seignettesalzes gebunden.

Versuch Nr. 267. Glucose-lösung wird mit je einer Messerspitze Natrium-acetat und salzsaurem Phenylhydrazin versetzt und einige Zeit im Wasserbade (Becherglas mit heißem Wasser) erwärmt. Es entsteht ein gelber, kristallinischer Niederschlag von **Phenyl-glucosazon** („Osazon“-bildung). — (Kondensationsreaktion der Glucose.)

Das Phenylhydrazin reagiert zunächst mit der Aldehydgruppe des Traubenzuckers in der für Aldehyde charakteristischen Weise (vgl. Vers. Nr. 212).

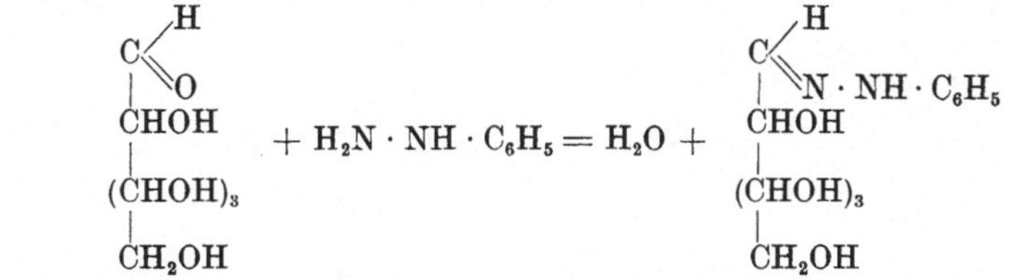

$$\begin{array}{c} C\diagdown{}^{H}_{O} \\ | \\ CHOH \\ | \\ (CHOH)_3 \\ | \\ CH_2OH \end{array} + H_2N \cdot NH \cdot C_6H_5 = H_2O + \begin{array}{c} C\diagdown{}^{H}_{N \cdot NH \cdot C_6H_5} \\ | \\ CHOH \\ | \\ (CHOH)_3 \\ | \\ CH_2OH \end{array}$$

Dann wird die der Aldehydgruppe benachbarte sekundäre Alkoholgruppe durch Phenylhydrazin zu einer Ketongruppe oxydiert, die dann wie jede Ketongruppe (vgl. Vers. Nr. 212) mit einem weiteren Molekül Phenylhydrazin reagiert:

$$\begin{array}{c} C\diagdown{}^{H}_{N \cdot NH \cdot C_6H_5} \\ | \\ CHOH \\ | \\ (CHOH)_3 \\ | \\ CH_2OH \end{array} + H_2N \cdot NH \cdot C_6H_5 = NH_3 + C_6H_5 \cdot NH_2 + \begin{array}{c} C\diagdown{}^{H}_{N \cdot NH \cdot C_6H_5} \\ | \\ C{=}O \\ | \\ (CHOH)_3 \\ | \\ CH_2OH \end{array}$$

$$\begin{array}{c} C\diagdown{}^{H}_{N \cdot HN \cdot C_6H_5} \\ | \\ C{=}O \\ | \\ (CHOH)_3 \\ | \\ CH_2OH \end{array} + H_2N \cdot NH \cdot C_6H_5 = H_2O + \begin{array}{c} C\diagdown{}^{H}_{N \cdot NH \cdot C_6H_5} \\ | \\ C{=}N \cdot NH \cdot C_6H_5 \\ | \\ (CHOH)_3 \\ | \\ CH_2OH \end{array}$$

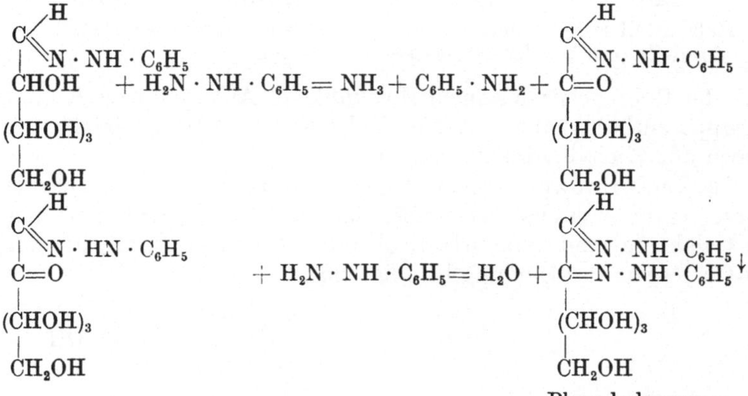

Phenyl-glucosazon

Versuch Nr. 268. Man erwärme **Glucose**-lösung auf etwa 35°, gebe ein Stückchen **Hefe** hinzu, verteile dasselbe durch kräftiges Schütteln und lasse einige Zeit stehen. Die Glucoselösung wird durch die Hefe-Enzyme vergoren; es tritt **Kohlendioxyd**-Entwicklung ein, und es entsteht **Äthylalkohol**.

2. Disaccharide.

Die Disaccharide, z. B. Rohrzucker und Milchzucker, kann man sich durch Wasserabspaltung aus zwei Monosaccharidmolekülen entstanden denken. So sind im Rohrzucker 1 Molekül d-Glucose und 1 Molekül d-Fructose, im Milchzucker 1 Molekül d-Glucose und 1 Molekül d-Galaktose enthalten. Die Wasserabspaltung zwischen den beiden Monosaccharidmolekülen kann in zweifacher Weise geschehen:

1. Im **Rohrzucker** sind die beiden Monosaccharide derartig miteinander verknüpft, daß sowohl die **Aldehydgruppe** der d-Glucose als auch die **Ketongruppe** der d-Fructose an der Bindung beteiligt sind:

$$
\begin{array}{ll}
\text{Halbacetalform} & \text{Halbacetalform} \\
\text{der d-Glucose} & \text{der d-Fructose}
\end{array}
\qquad \xrightarrow{-\text{H}_2\text{O}} \qquad
\text{Rohrzucker (Saccharose)}
$$

Da der Rohrzucker in seinem Molekül keine Aldehyd- bzw. Ketongruppe enthält, kann er weder **Fehling**sche Lösung reduzieren, noch mit Phenylhydrazin reagieren.

2. Im **Milchzucker** sind dagegen die beiden Monosaccharide derartig miteinander verknüpft, daß die **Aldehydgruppe** der d-Galaktose und eine **alkoholische Hydroxylgruppe** der d-Glucose an der Bindung beteiligt sind:

$$
\begin{array}{ll}
\text{Halbacetalform} & \text{Halbacetalform} \\
\text{der d-Galaktose} & \text{der d-Glucose}
\end{array}
\qquad \xrightarrow{-\text{H}_2\text{O}} \qquad
\text{Milchzucker (Lactose)}
$$

Da der Milchzucker eine Aldehydgruppe (in der Halbacetalform) enthält, reduziert er **Fehling**sche Lösung und bildet mit Phenylhydrazin ein Osazon.

Bei der Behandlung mit verdünnten Säuren oder durch Enzyme werden die Disaccharide unter Wasseraufnahme in die Monosaccharide aufgespalten (Hydrolyse der Disaccharide). Der Rohrzucker, der die Ebene des polarisierten Lichtes nach rechts ablenkt, zerfällt bei der Hydrolyse in d-Glucose und d-Fructose; da die d-Fructose die Ebene des polarisierten Lichtes stärker nach links ablenkt[1] als die d-Glucose nach rechts, schlägt bei der Spaltung des Rohrzuckers mit dem Fortschreiten der Reaktion die Drehung der Ebene des polarisierten Lichtes von rechts nach links um („Inversion" des Rohrzuckers).

a) Rohrzucker (Saccharose).

Der Rohrzucker wird aus dem Zuckerrohr und der Zuckerrübe technisch in großer Menge als der Zucker des Handels gewonnen. Er bildet große farblose Kristalle von süßem Geschmack und ist in Wasser leicht, in organischen Lösungen schwer löslich.

Versuch Nr. 269. Eine wäßrige Rohrzucker-lösung wird mit Fehlingscher Lösung versetzt und erwärmt. — Der Rohrzucker reduziert Fehlingsche Lösung nicht.

Versuch Nr. 270. Rohrzucker-lösung wird mit einigen Tropfen Chlorwasserstoffsäure versetzt und einige Zeit gekocht. Dann wird mit Natriumhydroxyd-lösung alkalisch gemacht und mit Fehlingscher Lösung erwärmt; es entsteht ein gelbroter Niederschlag von Kupfer(I)-oxyd. Der Rohrzucker ist durch die Behandlung mit Säure in d-Glucose und d-Fructose gespalten worden, und diese beiden Monosaccharide reduzieren Fehlingsche Lösung.

Versuch Nr. 271. Rohrzucker-lösung wird mit Natriumhydroxyd-lösung und einigen Tropfen Benzoylchlorid versetzt und so lange kräftig geschüttelt, bis der Geruch des Benzoylchlorids verschwunden ist. Es scheidet sich der Benzoesäure-ester des Rohrzuckers als weißer Niederschlag aus. (Nachweis der alkoholischen Hydroxylgruppen im Rohrzucker nach Schotten-Baumann.)

b) Milchzucker (Lactose).

Der Milchzucker kommt in der Milch der Säugetiere vor; er bildet harte, farblose Kristalle, die in Wasser löslich sind.

Versuch Nr. 272. Eine wäßrige Lösung von Milchzucker wird mit Fehlingscher Lösung erwärmt; es entsteht ein gelbroter

---

[1] Obgleich die bei der Spaltung des Rohrzuckers entstehende Fructose die Ebene des polarisierten Lichtes nach links ablenkt, wird sie wegen ihres genetischen Zusammenhanges mit der d-Glucose als d-Fructose bezeichnet.

Niederschlag von **Kupfer(I)-oxyd**. — (Reduktionswirkung des Milchzuckers.)

3. Polysaccharide.

Die wichtigsten Polysaccharide sind **Stärke** und **Cellulose**, ferner **Glykogen** und **Inulin**, Stoffe, die in der Natur als Reserve- und Gerüstsubstanzen weit verbreitet sind.

Die Polysaccharide sind aus vielen Monosaccharidmolekülen aufgebaut, die unter Abspaltung von Wasser zusammengetreten sind. Bei der Behandlung mit Säuren oder durch Enzyme werden sie unter Wasseraufnahme über verschiedene Zwischenstufen zu Monosacchariden abgebaut (**Hydrolyse der Polysaccharide**); Stärke, Cellulose und Glykogen ergeben bei der Hydrolyse ausschließlich d-Glucose, aus Inulin entsteht nur d-Fructose.

Die Polysaccharide sind in Wasser entweder unlöslich, wie z. B. die Cellulose, oder sie bilden kolloide Lösungen, wie z. B. Stärke; sie reduzieren **Fehling**sche Lösung nicht und reagieren nicht mit Phenylhydrazin, da sie keine Aldehyd- bzw. Ketongruppen enthalten.

a) Stärke.

Die Stärke findet sich hauptsächlich in der Kartoffel und im Mehl der verschiedenen Getreidearten. Sie ist ein weißes Pulver, das in kaltem Wasser und in organischen Lösungsmitteln unlöslich ist. Bei der Hydrolyse durch verdünnte Säuren oder Enzyme, die im Malz (Diastase), im Speichel (Ptyalin) und im Pankreassaft vorkommen, entsteht zunächst Maltose (ein Disaccharid, das aus zwei d-Glucose-molekülen aufgebaut ist) und schließlich d-Glucose.

Versuch Nr. 273. Etwas **Stärke** wird mit Wasser im Reagensglas geschüttelt; es entsteht eine milchige Aufschlämmung, da die Stärke in kaltem Wasser unlöslich ist. Die Stärkeaufschlämmung wird nun in die etwa fünffache Menge siedenden Wassers, das sich in einem Becherglas befindet, unter Umrühren eingegossen. Es entsteht eine kolloide Stärkelösung, der „**Stärkekleister**". Mit dieser Stärkekleisterlösung sind die folgenden Versuche auszuführen.

Versuch Nr. 274. Ein Tropfen **Stärkekleister** wird mit einem halben Reagensglas Wasser verdünnt und mit einigen Tropfen **Jod-jodkalium-lösung** versetzt. Es tritt eine intensive **Blaufärbung** ein.

Versuch Nr. 275. **Stärkekleister** wird mit **Fehling**scher Lösung erwärmt. Die Stärke hat keine reduzierenden Eigenschaften.

Versuch Nr. 276. **Stärkekleister** wird mit einigen Tropfen **Chlorwasserstoffsäure** einige Zeit gekocht, hierauf mit **Natriumhydroxyd-lösung** alkalisch gemacht und mit **Fehling**scher

Lösung erwärmt. Es entsteht ein gelbroter Niederschlag von Kupfer(I)-oxyd, da die Stärke durch die Säure in Glucose aufgespalten worden ist.

Versuch Nr. 277. Stärkekleister wird mit einer kleinen Messerspitze Diastase versetzt und etwa eine halbe Stunde in ein Becherglas mit Wasser von 50° gestellt. Versetzt man jetzt mit Fehlingscher Lösung und erwärmt, so entsteht ein gelbroter Niederschlag von Kupfer(I)-oxyd, da die Stärke durch die Diastase in Maltose aufgespalten worden ist, die analog wie die Lactose eine freie Aldehydgruppe besitzt.

b) Cellulose.

Die Cellulose ist der Hauptbestandteil der Pflanzenfaser, die Baumwolle ist z. B. fast reine Cellulose. Die Hydrolyse durch Säuren oder Enzyme vollzieht sich schwieriger als bei der Stärke, als Endprodukt der Spaltung entsteht d-Glucose. Die Cellulose ist eine weiße Substanz, die in Wasser unlöslich ist; sie löst sich in „Schweitzers Reagens" (siehe unten) und kann daraus durch Säuren wieder ausgefällt werden.

Filtrierpapier, das für die folgenden Versuche verwendet wird, ist aus Holz gewonnene Cellulose.

Versuch Nr. 278. Einige Stückchen fein zerzupftes Filtrierpapier werden mit konzentrierter Schwefelsäure übergossen und einige Zeit stehen gelassen; das Filtrierpapier quillt und löst sich allmählich auf. — Tritt auch nach einiger Zeit keine Auflösung ein, so erwärme man schwach, doch nur so weit, daß noch keine Verkohlung der organischen Substanz stattfindet. — Die Lösung wird jetzt in die gleiche Menge Wasser eingegossen und mit Natriumhydroxyd-lösung alkalisch gemacht (Vorsicht! Unter der Wasserleitung kühlen!). Man versetze nun mit Fehlingscher Lösung und erwärme; es fällt ein gelbroter Niederschlag von Kupfer(I)-oxyd aus, da die Cellulose durch die Säure in Glucose aufgespalten worden ist.

Versuch Nr. 279. Einige Stückchen fein zerzupftes Filtrierpapier werden mit einigen Kubikzentimetern Schweitzers Reagens (Auflösung von Kupfer(II)-hydroxyd in konzentrierter Ammoniak-lösung, vgl. Vers. Nr. 149) übergossen und kräftig geschüttelt. Die Cellulose löst sich auf und wird beim Ansäuern mit Schwefelsäure in weißen Flocken wieder ausgeschieden.

N. Eiweißstoffe.

Die Eiweißstoffe sind hoch-molekulare Verbindungen, die außer Kohlenstoff, Wasserstoff und Sauerstoff noch Stickstoff und meistens auch noch Schwefel enthalten.

Durch verdünnte Säuren, Alkalien oder Enzyme werden die Eiweißstoffe zu α-Aminosäuren (vgl. S. 122) abgebaut (Hydrolyse der Eiweißstoffe). Man unterscheidet zwischen einfachen Eiweißstoffen oder „Proteinen", die bei der Hydrolyse nur Aminosäuren ergeben, und zusammengesetzten Eiweißstoffen oder „Proteiden", die bei der Hydrolyse außer Aminosäuren noch Verbindungen anderer Art liefern; zu den Proteiden gehören unter anderem die Phosphorproteide (Casein), die eine phosphorhaltige Komponente besitzen, die Glucoproteide (Eieralbumin) mit einer Kohlenhydratkomponente und die Chromoproteide, z. B. der Blutfarbstoff (Hämoglobin) der aus einem Eiweißanteil, dem Globin, und einer Farbstoffkomponente, dem Hämatin, besteht.

Die Eiweißstoffe zeigen in ihren Eigenschaften große Unterschiede; einige (wie das im Hühnereiweiß enthaltene Albumin) sind in Wasser kolloid löslich, andere (wie z. B. das Keratin, das den Hauptbestandteil der Hornsubstanzen bildet) sind in Wasser völlig unlöslich.

Bei der Hydrolyse werden die Eiweißstoffe zunächst zu gleichfalls noch hoch-molekularen Spaltprodukten, den „Albumosen", den „Peptonen" und den „Polypeptiden" abgebaut, die dann beim Fortschreiten der Hydrolyse in die monomolekularen α-Aminosäuren gespalten werden. Bei der enzymatischen Spaltung bauen das Pepsin (Magen) und das Trypsin (Pankreas) die Eiweißstoffe nur bis zur Stufe der Peptone und Polypeptide ab; die Peptone und Polypeptide werden dann weiterhin durch das Erepsin (Dünndarm) in die einfachen Aminosäuren übergeführt.

Die im folgenden behandelten Reaktionen der Eiweißstoffe lassen sich in drei Gruppen einteilen:

1. Die Lösungen der Eiweißstoffe sind kolloider Natur; durch Elektrolytzusätze oder beim Kochen werden die Eiweißstoffe ausgeflockt. Vgl. Versuche Nr. 280 und 281.

2. Die Eiweißstoffe können aus ihren Lösungen durch bestimmte Reagenzien als Doppelverbindungen ausgefällt werden. Vgl. Versuche Nr. 282, 283 und 284.

3. Die Eiweißstoffe zeigen Farbreaktionen, die auf bestimmte Gruppierungen innerhalb des Moleküls hinweisen; so deutet z. B. die Biuret-reaktion auf die Gruppierung —CO · NH— hin. Vgl. Versuche Nr. 285, 286 und 287.

Versuch Nr. 280. Eiweiß-lösung (hergestellt durch Auflösen des aus dem Hühnereiweiß gewonnenen käuflichen Eieralbumins in Wasser) wird mit festem Ammoniumsulfat versetzt. Das kolloid gelöste Eiweiß wird ausgeflockt und löst sich beim Verdünnen mit Wasser wieder auf (reversibles Kolloid).

Versuch Nr. 281. Eiweiß-lösung wird einige Zeit gekocht. Das kolloid gelöste Eiweiß fällt aus und kann durch Verdünnen mit Wasser nicht wieder in Lösung gebracht werden (irreversibles Kolloid).

Versuch Nr. 282. Eiweiß-lösung wird mit einer essigsauren Gerbstoff-lösung versetzt; es entsteht eine Fällung.

Versuch Nr. 283. Eiweiß-lösung wird mit einer Lösung von Quecksilber(II)-chlorid versetzt; es entsteht eine Fällung.

Versuch Nr. 284. Phosphorsalz wird an einem Magnesiastäbchen so lange geschmolzen, bis die Gasentwicklung aufhört und eine klare Schmelze entstanden ist. Das gebildete Natriummeta-phosphat (vgl. Vers. Nr. 42) wird in Wasser gelöst und die Lösung mit einigen Tropfen Essigsäure angesäuert. Fügt man jetzt Eiweiß-lösung hinzu, so wird durch die entstandene Metaphosphorsäure (HPO_3) das Eiweiß gefällt.

Versuch Nr. 285. Eiweiß-lösung wird mit einigen Tropfen konzentrierter Salpetersäure versetzt. Die Lösung färbt sich beim Erwärmen gelb. („Xanthoprotein"-Reaktion.)

Versuch Nr. 286. Eiweiß-lösung wird mit Natriumhydroxyd-lösung und einigen Tropfen sehr verdünnter Kupfersulfat-lösung versetzt. Beim Umschütteln wird die Lösung violett. (Biuret-Reaktion, vgl. Vers. 244).

Versuch Nr. 287. Eiweiß-lösung wird mit Millons Reagens — Millons Reagens ist eine salpetrigsäurehaltige Lösung von Quecksilber(II)-nitrat — versetzt. Es entsteht ein weißer Niederschlag, der beim Erwärmen rot wird. (Millons Reaktion.)

O. Alkaloide.

Die Alkaloide sind kompliziert zusammengesetzte, stickstoffhaltige heterocyclische Verbindungen (vgl. S. 91). Sie haben basischen Charakter, und diese Eigenschaft hat der ganzen Gruppe ihren Namen eingetragen. Sie kommen in vielen Pflanzen vor und sind hier meist an organische Säuren gebunden. Die Alkaloide sind fast stets feste, gut kristallisierende Substanzen, nur wenige, z. B. das Nikotin, sind Flüssigkeiten. Wegen ihrer physiologischen Wirksamkeit finden sie in der Medizin ausgedehnte Anwendung.

Die Alkaloide werden durch eine Anzahl Reagenzien, z. B. Gerbstofflösung, Jod-jodkalium-lösung usw. gefällt; diese Reaktionen werden als „Alkaloid-reaktionen" bezeichnet. Zur Unterscheidung der einzelnen Alkaloide benutzt man Farbreaktionen, die meist auf Zusatz von Oxydations- bzw. Reduktionsmitteln eintreten.

Chinin.

Das Chinin ist der Hauptbestandteil der Chinarinde und enthält im Molekül den Chinolinring. Die Salze des Chinins finden als Fiebermittel Anwendung.

Versuch Nr. 288. Etwas Chinin-sulfat wird in Wasser gelöst und die Lösung auf zwei Reagensgläser verteilt. Zu dem einen Teil der Lösung füge man Gerbstoff-lösung und zu dem anderen Teil Jod-jodkalium-lösung hinzu. In beiden Fällen entsteht ein Niederschlag. (Alkaloidreaktionen.)

Versuch Nr. 289. Etwas Chinin-sulfat wird in Wasser gelöst und mit einem, höchstens zwei Tropfen Brom-wasser versetzt, so daß die Lösung noch nicht gefärbt erscheint. Gibt man jetzt tropfenweise Ammoniak-lösung hinzu, so färbt sich die Lösung intensiv grün.

Periodisches System der Elemente.

Periode	1. Gruppe	2. Gruppe	3. Gruppe	4. Gruppe	5. Gruppe	6. Gruppe	7. Gruppe	8. bezw. 0. Gruppe			
I							$^{1,0}_{1}$H				$^{4,0}_{2}$He
II	$^{6,9}_{3}$Li	$^{9,0}_{4}$Be	$^{10,8}_{5}$B	$^{12,0}_{6}$C	$^{14,0}_{7}$N	$^{16,0}_{8}$O	$^{19,0}_{9}$F				$^{20,2}_{10}$Ne
III	$^{23,0}_{11}$Na	$^{24,3}_{12}$Mg	$^{27,0}_{13}$Al	$^{28,1}_{14}$Si	$^{31,0}_{15}$P	$^{32,1}_{16}$S	$^{35,5}_{17}$Cl				$^{39,9}_{18}$Ar
IV	$^{39,1}_{19}$K	$^{40,1}_{20}$Ca	$^{45,0}_{21}$Sc	$^{47,9}_{22}$Ti	$^{51,0}_{23}$V	$^{52,0}_{24}$Cr	$^{54,9}_{25}$Mn	$^{55,8}_{26}$Fe	$^{58,9}_{27}$Co	$^{58,7}_{28}$Ni	
	$^{63,5}_{29}$Cu	$^{65,4}_{30}$Zn	$^{69,7}_{31}$Ga	$^{72,6}_{32}$Ge	$^{74,9}_{33}$As	$^{79,0}_{34}$Se	$^{79,9}_{35}$Br				$^{83,7}_{36}$Kr
V	$^{85,5}_{37}$Rb	$^{87,6}_{38}$Sr	$^{88,9}_{39}$Y	$^{91,2}_{40}$Zr	$^{92,9}_{41}$Nb	$^{96,0}_{42}$Mo	$^{99}_{43}$Tc	$^{101,7}_{44}$Ru	$^{102,9}_{45}$Rh	$^{106,7}_{46}$Pd	
	$^{107,9}_{47}$Ag	$^{112,4}_{48}$Cd	$^{114,8}_{49}$In	$^{118,7}_{50}$Sn	$^{121,8}_{51}$Sb	$^{127,6}_{52}$Te	$^{126,9}_{53}$J				$^{131,3}_{54}$X
VI	$^{132,9}_{55}$Cs	$^{137,4}_{56}$Ba	selt. Erdm. 57—71	$^{178,6}_{72}$Hf	$^{180,9}_{73}$Ta	$^{183,9}_{74}$W	$^{186,3}_{75}$Re	$^{190,2}_{76}$Os	$^{193,1}_{77}$Ir	$^{195,2}_{78}$Pt	
	$^{197,2}_{79}$Au	$^{200,6}_{80}$Hg	$^{204,4}_{81}$Tl	$^{207,2}_{82}$Pb	$^{209,0}_{83}$Bi	$^{210}_{84}$Po	$^{210}_{85}$At				$^{222}_{86}$Rn
VII	$^{223}_{87}$Fr	$^{226,0}_{88}$Ra	$^{227}_{89}$Ac	$^{232,1}_{90}$Th	$^{231}_{91}$Pa	$^{238,1}_{92}$U		Np, Pu, Am, Cm, Bk, Cf (Transurane) 93—98			

Die vor den Elementsymbolen oben stehenden Zahlen sind die Atomgewichte (auf eine Stelle nach dem Komma abgerundet), die darunter stehenden Zahlen geben die Ordnungszahlen wieder.

Kurzes Lehrbuch der anorganischen und allgemeinen Chemie. Von Dr. Gerhart Jander, o. Professor

an der Techn. Universität Berlin-Charlottenburg, und Dr. Hans Spandau, Privatdozent an der Technischen Hochschule Braunschweig. Fünfte Auflage. Mit 169 Abbildungen. XII, 563 Seiten. 1952.

Ganzleinen DM 19.80

Kurzes Lehrbuch der pharmazeutischen Chemie.

Auch zum Gebrauch für Mediziner. Von Professor Dr. K. Bodendorf, Karlsruhe. Vierte, verbesserte Auflage. Etwa 500 Seiten. 1953.

Unter der Presse.

E. Schmidt / J. Gadamer

Anleitung zur qualitativen Analyse. Vierzehnte Auflage

bearbeitet von Dr. F. v. Bruchhausen, o. ö. Professor der pharmazeutischen Chemie, Braunschweig. Mit 8 Tabellen. VIII, 109 Seiten. 1948. DM 7.50

Anleitung zur organischen qualitativen Analyse.

Von Dr. Hermann Staudinger, o. ö. Professor der Chemie, Direktor des Chemischen Universitätslaboratoriums und des Forschungsinstituts für makromolekulare Chemie in Freiburg i. Br. Unter Mitarbeit von Dr. Werner Kern, pl. a. o. Professor für organische Chemie an der Universität Mainz. Fünfte Auflage. XII, 162 Seiten. 1948.   DM 8.40

Physikalische Chemie. Ein Vorlesungskurs. Von Dr. Klaus

Schäfer, o. Professor für physikalische Chemie an der Universität Heidelberg. Mit 71 Abbildungen. IX, 294 Seiten. 1951.

Ganzleinen DM 19.60

Einführung in das Physikalische Praktikum zum

Studium der Physik als Nebenfach. Von Professor Dr. Christian Gerthsen, Direktor des Physikalischen Instituts der Technischen Hochschule Karlsruhe, und Privatdozent Dr. phil. Max Pollermann, Physikalisches Institut der Technischen Hochschule Karlsruhe. Zweite Auflage. Mit 132 Abbildungen. VI, 107 Seiten. 1953.

Steif geheftet DM 6.60

Kleines Lehrbuch der Physik ohne Anwendung höherer

Mathematik. Von Wilhelm H. Westphal, Honorarprofessor an der Technischen Universität Berlin. Zweite, verbesserte Auflage. Mit 283 Abbildungen. VIII, 263 Seiten. 1953.   Ganzleinen DM 12.60